AF460670

ESSAI

DE

TÉRATOLOGIE TAXINOMIQUE

OU DES ANOMALIES VÉGÉTALES

CONSIDÉRÉES DANS LEURS RAPPORTS AVEC LES DIVERS DEGRÉS DE LA CLASSIFICATION

Par le Dr D. CLOS

Professeur à la Faculté des Sciences et Directeur du Jardin des Plantes de Toulouse.

TOULOUSE
IMPRIMERIE DOULADOURE
ROUGET FRÈRES ET DELAHAUT, SUCCESSEURS
Rue Saint-Rome, 39

1871

A LA MÉMOIRE

D'ALFRED MOQUIN-TANDON

LE CRÉATEUR DE LA TÉRATOLOGIE VÉGÉTALE.

TABLE DES MATIÈRES.

TABLE ALPHABÉTIQUE DES FAMILLES.

Extrait des Mémoires de l'Académie des Sciences de Toulouse,

3e série, tome III, pages 55-136.

ESSAI

DE

TÉRATOLOGIE TAXINOMIQUE

OU DES ANOMALIES VÉGÉTALES

CONSIDÉRÉES DANS LEURS RAPPORTS AVEC LES DIVERS DEGRÉS DE LA CLASSIFICATION.

Dès que la botanique a pu se constituer comme science, elle a compris deux grandes branches ; l'une, afférente à l'organisation et aux fonctions des plantes (*botanique organo-physiologique*) ; l'autre, aux rapports hiérarchiques de ces êtres, aux divers groupements naturels qu'on peut en former, aux moyens de les distinguer et de les décrire (*botanique taxinomique*).

Il suffit de jeter les yeux sur les principaux ouvrages de tératologie végétale pour reconnaître que les monstruosités végétales n'ont encore été étudiées et classées qu'au point de vue des caractères morphologiques : forme, grandeur, disposition, nombre, coloration, villosité, consistance, taille ; en un mot, on ne s'est occupé que de *tératologie organique*.

Mais on peut envisager les déviations végétales dans leurs rapports avec les divers degrés de la classification, et cette face de la tératologie, jusqu'ici, à ma connaissance, complétement négligée (1), doit donner un intérêt tout particulier à l'étude de ces déviations. Rechercher si des monstruosités analogues se retrouvent dans les trois groupes primaires du règne végétal, si dans chacun de ces groupes les principales subdivisions ont aussi des anomalies qui leur soient propres, et, par exemple, si dans les Dicotylédones on peut assigner des différences tératologiques de quelque importance aux Apétales, Polypétales et Monopétales comparées entre elles; et encore si, dans ces trois dernières catégories les inférovariées diffèrent des supérovariées; enfin, quelles sont les monstruosités générales aux alliances, aux familles, aux tribus, aux genres, aux espèces, et comment on peut distinguer les anomalies soit de chacun de ces degrés de la classification, soit des galles, tel est le vaste champ d'études, encore inexploré, je crois, qu'offrait la *tératologie taxinomique*. Il fallait d'abord relever et classer par familles, en les coordonnant, tous les faits d'anomalies consignés dans les Annales de la science, à partir de l'ouvrage justement classique de Moquin-Tandon (2); travail de longue haleine, de

(1) Elle ne paraît pas même avoir été indiquée dans l'ouvrage publié à Londres en 1869, par M. Masters, sous le titre de : *Vegetable Teratology;* livre que je n'ai pu encore me procurer, il est vrai, mais dont le *Bulletin de la Société botanique de France*, t. XVI, Revue bibliogr., p. 222, a donné une analyse : l'ouvrage est divisé en quatre parties, embrassant les faits tératologiques qui modifient, 1° l'arrangement et la relation des organes; 2° la forme; 3° le nombre; 4° la grandeur et la consistance.

(2) Je n'ai pas cru devoir pousser les investigations au delà de 1841, date des *Eléments de Tératologie végétale*, où se trouvent consignés la plupart des faits d'anomalie décrits jusqu'alors. J'ai dépouillé, en grande partie, toutes les publications périodiques françaises et étrangères que j'ai pu me procurer : *Annales des Sciences naturelles*, *Bulletin de la Société botanique de France*, *de Belgique*, *Archives de botanique*, *Revue botanique*, *l'Institut*, *Adansonia*, *Flora*, *Linnæa*, *Botanische Zeitung*, *London journal of botany*, *Hooker's journal of botany*, *the Phytologist*, *the Annals and magazin of natural history*, *etc.*, et plusieurs des Mémoires des Sociétés savantes. Dans mes travaux antérieurs, j'ai scrupuleusement indiqué les sources de mes emprunts; mais ici j'ai reculé, non sans regret, devant la multiplicité des citations qui auraient grossi ces quelques pages de près du double. J'ai cherché à résumer le plus brièvement possible les faits rapportés par les divers auteurs et ceux que j'ai, dans ces dernières années, observés moi-même, et que je destinais d'abord à former mon quatrième fascicule d'observations tératologiques. (Voir les trois premiers, insérés dans ce recueil, années 1859, 1862, 1867.) Pas un fait n'est avancé sans témoignage, et j'ai l'espoir que ces glanes,

recherches multipliées dans la plupart des Recueils d'histoire naturelle, et qui, par sa nature même, doit être toujours incomplet; puis, comparer ces documents entre eux, soit dans une même famille, soit dans des familles liées entre elles par une étroite affinité, ou par leur correspondance dans des séries parallèles, ou même par l'analogie, afin de mettre en saillie les déductions générales résultant de ces rapprochements. J'ai eu surtout en vue, dans le présent Mémoire, de remplir, ou plutôt d'ébaucher la première partie de ce programme, en négligeant même à dessein, les variétés légères, ces innombrables panachures, et cette multiplicité de formes de tiges et de feuilles que l'art horticole a su obtenir et fixer, en particulier, chez les Amentacées, les Conifères, etc., et qui grossissent démesurément les catalogues des horticulteurs.

Le groupement des faits tératologiques, d'après les divers degrés de la classification, aura cet avantage de pouvoir signaler désormais dans les ouvrages didactiques, à la suite de chaque famille, les principales anomalies qui lui sont propres. Déjà quelques taxinomistes (Lindley, MM. Bentham et D. Hooker) ont eu l'heureuse idée de compléter les diagnoses de ces groupes par la mention des déviations normales qui s'y rapportent. Il restait un pas de plus à faire : énumérer à la fin de chacune d'elles, les déviations anormales les plus fréquentes, et surtout celles que l'observation aura fait reconnaître comme caractéristiques; le présent travail est de nature à faciliter cette tâche. Toute monographie d'un groupe de plantes devrait désormais consacrer un chapitre distinct à leurs déviations.

toutes réduites qu'elles sont, et malgré d'inévitables mais involontaires omissions, pourront avoir quelque utilité.

L'idée mère de ce travail se rattache à une série d'études toutes destinées à relier entre elles les deux grandes branches de la phytologie, depuis mon *Ébauche de la Rhizotaxie* (1848), et mon Opuscule *de la durée des plantes dans ses rapports avec la phytographie* (1863), jusqu'à ma *Monographie de la Préfoliation dans ses rapports avec les divers degrés de la classification* (1870).

Aussi a-t-on volontairement négligé soit les questions relatives à la fréquence composée des anomalies chez les plantes ligneuses et herbacées, chez les plantes à feuilles grasses, membraneuses ou coriaces, chez les plantes cultivées et sauvages, soit la discussion du degré d'opportunité des nouveaux noms appliqués à toute anomalie ne rentrant pas dans les cadres admis; cette comparaison critique devrait être l'objet d'une dissertation spéciale.

I.

DES ANOMALIES COMPARÉES DES ACOTYLÉDONS, MONOCOTYLÉDONS ET DICOTYLÉDONS.

Le premier de ces trois grands groupes n'a pas de fleur, ou tout au moins les diverses parties des organes fructificateurs n'y sont que peu comparables à celles des Phanérogames, et dès lors ce n'est guère que quant à ses organes de végétation qu'il peut être mis en parallèle avec les deux autres, et seulement encore dans les familles les plus élevées, car les Acotylédones aphylles ou amphigènes, en tant que dépourvues de vraies tiges, de véritables feuilles, ne sauraient entrer en ligne de compte. On a bien signalé quelques cas d'anomalie concernant l'urne des mousses, le faux épi des *Equisetum*, mais faute de pouvoir comparer ces organes *au point de vue de leur signification morphologique* avec la fleur des Phanérogames, toute discussion à cet égard serait dépourvue de base, et, dans l'état actuel de la science, doit être considérée comme tout au moins oiseuse.

La comparaison des Monocotylés et des Dicotylés ne se prête aussi qu'avec restriction à des généralisations. Cependant on peut remarquer : 1° qu'en ce qui concerne soit les anomalies légères, désignées par Moquin-Tandon sous le nom de *variétés*, soit les monstruosités des organes de végétation, les Monocotylédons en sont bien moins souvent atteints que les Dicotylédons. Si des panachures (cas d'albinisme) se présentent chez plusieurs Graminées (*Arundo*, maïs, *Pharus*, etc.) et Cypéracées, les variétés dites de villosité et de consistance, les ascidies ont été plus rarement signalées dans ce second grand embranchement du règne végétal.

Les organes de nutrition, racines, tiges, feuilles, sont aussi beaucoup moins variables, ce me semble : atrophies, hypertrophies, élongations anormales, fascies, déformations crispée, rubanée, cupulée, enroulements et torsions, soudures et partitions de feuilles, d'axes, de bourgeons, soudures de feuilles et d'axes, autant de phénomènes dont les Monocotylédonés n'offrent que peu ou pas d'exemples, ce qui tient sans doute à leur moindre complication organique. Le fréquent défaut de distinction du pétiole et du limbe, l'absence de stipules dans la plupart de ces plantes, la rareté des épines, des vrilles, etc., contribuent au même résultat.

Les anomalies florales ont plus d'analogie, les mêmes types s'y retrouvent ; mais les multiplications des pièces de l'androcée et du gynécée, et même les avortements, sont bien moins fréquents chez les Monocotylés ; et on peut en dire autant des prolifications. Sans doute, on voit parfois l'axe floral des Liliacées s'allonger ; mais l'ovaire des Monocotylés ne donne presque jamais naissance, soit à une fleur, soit à un rameau. Les chloranthies sont communes aux deux grands groupes, mais les transformations glanduleuses des organes floraux paraissent moins rares chez les Monocotylés.

II.

DES ANOMALIES COMPARÉES DES DICOTYLÉDONS APÉTALES, POLYPÉTALES ET MONOPÉTALES.

Je ne hasarderai pas de conjectures à cet égard, en ce qui concerne les organes de végétation. Les fascies (aplatissement des axes) se retrouvent aussi bien chez les Apétales (Frênes, *Celosia*, Euphorbes, etc...), que chez les Polypétales (*Geranium*, *Ranunculus*, *Delphinium*, *Bupleurum*, *Saxifraga*, *Linum*, *Melia*, *Dodonæa*, *Prunus*, *Spartium*, *Genista*, *Trifolium*, etc...), et les Monopétales (*Primula*, *Echium*, *Myosotis*, *Jasminum*, *Campanula*,

Barkhausia, *Hieracium*, *Oporina*, *Conyza*, *Anthemis*, *Chrysanthemum*, etc...)

Les anomalies intéressant les feuilles ne paraissent pas non plus de nature à fournir des différences. Il faut donc arriver aux organes floraux. On peut conjecturer *à priori* que la fleur est d'autant plus sujette aux déviations qu'elle a plus d'organes. La pratique le vérifie : les Apétales sont moins fréquemment atteintes que les deux autres groupes, et les Polypétales me semblent aussi l'être plus que les Monopétales. Y a-t-il des prolifications chez les Apétales ? Les Primulacées, monopétales, ont, à ce point de vue, leurs analogues chez les Crucifères et chez les Papavéracées, où l'on voit sortir si souvent des productions florales de l'intérieur du pistil.

Le calice monosépale devient plus souvent coloré, pétaloïde, que le calice polysépale, d'après la remarque de M. Masters.

III.

DES ANOMALIES COMPARÉES DES DICOTYLÉDONS INFÉROVARIÉS ET SUPÉROVARIÉS.

On sait que dans la plupart des plantes à ovaire infère, la boîte ovarienne est due en partie, ou parfois même en totalité, à un évasement de l'axe floral, qui se resserre au sommet. Or, ce phénomène peut ne se produire qu'imparfaitement, ou même manquer dans des plantes où il devrait se manifester ; à l'extérieur, cet axe creux peut porter sur ses parois des organes appendiculaires ; à l'intérieur, il peut donner naissance à un nouvel axe terminé de différentes manières (prolifications frondipares, floripares, fructipares).

Mais les trois groupes primaires établis dans l'embranchement des Dicotylédones ne sont pas également sujets à ces sortes d'anomalies. Les Polypétales, grâce à leur propension à voir se multiplier leurs organes floraux, montrent fréquemment des appendices sur la paroi extérieure du tube réceptaculaire, reproduisant ainsi l'état normal de quelques Cactées, où j'ai cru devoir désigner sous le nom de sous-sépales (*subsepala*) ces organes intermédiaires entre les bractées et les sépales. C'est aussi chez les Polypétales que l'on voit des exemples de prolification, en particulier chez les roses, les poires. Bien plus rares sont ces sortes d'exemples chez les Monopétales inférovariées (Rubiacées, Caprifoliacées, Valérianées, Dipsacées), de même que chez les Apétales inférovariées (Aristolochiées, Santalacées).

IV.

DES ANOMALIES COMPARÉES DANS DIVERSES FAMILLES.

La comparaison des familles voisines est encore instructive à cet égard.

Voyez les Crucifères et les Capparidées, les premières très-fréquemment les secondes très-rarement atteintes d'anomalies; et cependant le cas tératologique signalé chez les Capparidées, a son analogue parmi ceux des Crucifères; il est aussi remarquable de trouver des déviations correspondantes entre les Crucifères, les Papavéracées et les Primulacées.

Dans les deux familles des Solanées et des Scrophularinées on peut signaler des genres chez lesquels les monstruosités sont passées en quelque sorte à l'état normal : tels *Lycopersicum* et *Linaria*.

Les Labiées et les Scrophularinées offrent en commun : la soudure ou partition des fleurs, les Pélories, la transformation des pétales en sépales, l'apétalie (*Verbascum Thapsus* et plusieurs Labiées), la disjonction des carpelles, le développement de la cinquième étamine.

Les Papavéracées et les Crassulacées se ressemblent sous ce

rapport que, dans les deux, les étamines sont fréquemment transformées en pistils.

Les Liliacées, les Amaryllidées et les Iridées fournissent aussi des termes correspondants d'anomalies.

V.

DES ANOMALIES PROPRES A CHAQUE FAMILLE ET COMPARÉES ENTRE ELLES.

Il est d'abord un certain nombre de familles chez lesquelles on n'a observé que peu d'anomalies et qui paraissent y être en quelque sorte réfractaires : telles les Cannées, les Cornées, les Térébinthacées, les Ficoïdes, les Saxifragées, les Malpighiacées, les Hypéricinées, les Linées, les Oxalidées, les Berbéridées, les Fumariacées, les Capparidées, les Cistinées, les Santalacées, etc.

Il en est d'autres, au contraire, chez lesquelles les anomalies soit essentielles soit déterminées par la présence de productions mycologiques ou par la piqûre des insectes, se montrent très-fréquemment : telles les Crucifères, les Scrophularinées, etc.

Il en est, enfin, chez lesquelles on n'a point encore signalé d'anomalies (du moins à ma connaissance). L'énumération de celles qui en ont offert pourra contribuer à fixer plus spécialement l'attention des observateurs sur les monstruosités que présenteront les familles favorisées jusqu'ici d'un brevet d'immunité.

On a suivi dans la disposition relative des familles l'ordre qui a paru le plus rationnel, intercalant, dans le grand embranchement des Dicotylédones, les Polypétales entre les Monopétales (qui se trouvent en tête) et les Apétales (dont la suppression totale ne paraît pas encore suffisamment justifiée) ; cette série commence par les Monopétales hypogynes considérées comme y représentant le plus haut degré d'organisation, suivies par les périgynes et celles-ci par les épigynes.

Champignons : La variabilité des formes de tous les champignons et en particulier des épixyles a souvent laissé dans le doute, quant à la détermination de l'espèce, des mycologistes de profession (Voyez Montagne, sur le *Telephora palmata*, in *Bull. Soc. Bot.* III, 219). C'est un motif suffisant pour nous dispenser de rechercher et d'énumérer toutes ces déviations de types instables ; rappelons, toutefois, qu'on a rapporté à une ramification ou prolification les réceptacles surajoutés naissant soit du stipe soit de l'une des surfaces du chapeau. Des soudures avec détachement du pédicule produisent parfois des chapeaux renversés.

Mousses : On a vu des pédicelles de *Trichostomum rigidulum* et de *Sphagnum contortum* portant deux capsules ; la *soudure* de deux urnes de *Bryum atro-purpureum*, probablement par suite de la production de deux germes d'archégone dans l'intérieur du sommet de la tige ; les périgones du *Webera albicans* ne terminant pas la tige, mais échelonnés tout le long de la partie supérieure de l'innovation ; une *pleurosyncarpie* terminale avec absorption presque complète de l'un des fruits (*Buxbaumia indusiata*) ; l'*acrosyncarpie* renversée (*Homalothecium sericeum*, *Camptothecium lutescens*) ; le développement de propagules axillaires ovoïdes et pédicellés (*Pleuridium nitidum*) ; la transformation ? des fleurs mâles en capitules gemmifères (*Tetraphis pellucida*).

Equisétacées : *Tuberculisation* des entre-nœuds du rhizome ; *gracilité* des tiges (*Equisetum palustre*, *limosum*, *ramosissimum*) ; apparition de racines sur des tiges enterrées (*E. littorale*, *limosum*, *trachyodon*, *arvense*, *ramosissimum*, *variegatum*, *hyemale*), de rameaux sur des rhizomes déterrés (chez les quatre derniers) ; *ramification*, après mutilation, de tiges ordinairement nues (*E. hyemale*, *trachyodon*, *variegatum*, *ramosissimum*) ; ramification accidentelle des tiges spicifères propres vers le bas (*E. arvense*, *maximum*), ces rameaux se terminant parfois par de petits épis ; *bifurcation* et *trifurcation* des tiges (*E. arvense*, *palustre*) avec *fascie* (*E. palustre*), sans fascie (*E. maximum*) ; sortie de cinq petites tiges d'une gaîne commune (*E. pratense*) ; production par des tiges stériles d'un double rameau, l'un épais entouré de deux à quatre gaînes brunes, l'autre beaucoup plus petit (*E. maximum*) ; apparition de rameaux immédiatement au-dessous de l'anneau (*E. sylvaticum*) ; tiges stériles devenant spicifères (*E. maximum*, *arvense*) ou parfois l'inverse (*id.*) ; gaînes disposées soit en crête par le raccourcissement accidentel d'un ou de deux entre-nœuds avec courbure et torsion (*E. arvense*, *limosum*, *palustre*), soit en spirales (*E. pratense*, *palustre*, *limosum*, *maximum*), une de ces spirales continues représentant sept verticilles (*E. maximum*) ; formation soit d'un anneau au milieu des tiges (*E. littorale*), soit de trois anneaux (*E. maximum*), ou de quatre au-dessous d'un épi (*E. pratense*), avec transformation d'une partie des lobes de ces anneaux en sporanges (*E. arvense*, *littorale*) ; production d'épis par les bords de la section d'un épi mutilé (*E. maximum*, *palustre*), chacun de ces épis au nombre de sept ayant neuf verticilles (*E. palustre*) ; interruption des épis par l'interposition d'une ou de plusieurs gaînes soit régulières, soit à l'état d'anneaux ou de sporanges, quelquefois même accompagnées de courts rameaux, d'autres fois formant comme 2-3 épis superposés (*E. littorale*); gaînes remplaçant définitivement les verticilles de sporanges dont quelques divisions en portent souvent encore (*E. pratense*, *littorale*, *arvense*, *inundatum*); épi normal dans sa moitié inférieure, émettant alors un prolongement de neuf lignes de long chargé de rameaux verticillés (*E. pratense*) ; épi terminé soit par un clypéole obtus (*E. ramosissimum*), soit par un acumen (*E. arvense*, *pratense*, *sylvaticum*, *palustre*) ; *infécondité* des pseudo-spores due peut-être au développement exagéré du rhizome (*E. littorale*, *trachyodon*).

LYCOPODIACÉES : *Fascie* du *Lycopodium clavatum*.

FOUGÈRES : On a signalé chez elles des *fascies* ; la *division* des segments des feuilles du *Polypodium vulgare* en longues lanières de quatre à six centimètres; diverses monstruosités du *Scolopendrium officinale*, qualifiées de *marginatum*, *multifidum*, *laceratum*, *Crista-galli* ; le *Nephrodium molle corymbiferum* ; le *Lastræa Filix-mas cristata* : l'existence de spores aux deux faces des feuilles de l'*Asplenium Trichomanes*, des *Polypodium lepidotum* et *proliferum* ; la *transformation* en rameaux distincts des extrémités des frondes et des pinnules de l'*Asplenium Filix-fœmina*.

OPHIOGLOSSÉES : L'*Ophioglossum silesiacum* n'a quelquefois que deux frondes stériles sans fronde fertile, ou deux fertiles et une stérile; d'autres fois, celle-ci se soude avec la fertile.

ALISMACÉES : L'*Alisma parnassifolium* a offert, outre les tiges florifères, d'autres tiges plus jeunes, nées à l'aisselle des feuilles radicales, montrant vers le haut des verticilles espacés de rameaux, terminés non par des fleurs, mais par des bourgeons à feuilles imbriquées comme les épillets des Graminées ; le *Sagittaria sinensis*, la *dissociation* des verticilles floraux, liée souvent à une *geniculation* de l'axe qui les porte, et le *S. sagittifolia* les feuilles immergées sous la forme rubannée.

Butomées : Fleurs de *Butomus umbellatus* à quatre, à sept et à huit capsules au lieu de six.

Aroïdées : Un *Arum* et un *Calla palustris* ont montré une double spathe ; et le premier, en outre, un rudiment de deuxième spadice. Un *Xanthosoma atrovirens*? portait à la face inférieure de toutes les feuilles et collé à la nervure médiane un appendice en forme de feuille ; un *Caladium auritum* émettait de la nervure médiane inférieure une expansion foliacée de la forme et de la couleur de la feuille.

Typhacées : On a signalé la *partition* de la tige au-dessous de l'inflorescence soit en deux branches soit en un grand nombre terminées chacune par l'épi ; l'existence de deux épis femelles superposés ; et on a vu, en outre, la tige se partager au-dessus de l'épi femelle inférieur en deux branches, portant chacune un épi femelle au-dessus duquel elles se réunissaient pour émettre l'épi mâle unique et terminal.

Palmiers : Fleurs hermaphrodites chez le *Chamærops humilis*, et loges anthérales à la suture ventrale des ovaires du même.

Cypéracées : La *ramification* de l'épi des *Carex flava* et *distans* ; la *prolification* axillaire floripare de l'épi femelle du *C. acuta* ; l'épi femelle inférieur du *C. panicea* porté sur un long pédoncule partant de la base de la tige ; la *chloranthie* du *C. muricata* ; l'*hypertrophie* des bractées avec avortement du fruit (sous l'influence de la piqûre d'un insecte) du *C. stellulata* ; l'*hermaphrodisme* des *C. glauca* et *acuta* ; la présence chez le *C. panicea* d'un double utricule, le supérieur partant de l'embouchure de l'inférieur ; la formation d'une fente plus ou moins longue et de haut en bas sur le côté extérieur de l'utricule de certaines espèces de ce genre ; la *transformation* des utricules du *C. riparia* en de nombreux épis ; des feuilles de *Scirpus lacustris* pointant au-dessus de l'eau et *stipant* la tige florale ; l'*Elæocharis palustris* à longues feuilles linéaires et flottantes.

Graminées : On y a constaté des *fascies* chez le Maïs ; des *déformations* charnues des bourgeons du *Triticum repens* et du *Cynodon Dactylon* ; de nombreux cas de *ramifications* de l'épi (Maïs, Orge,

Ivraie, Paturins, Fétuque, Froment, Dactyle), et on cite la *partition* de la tige chez le *Lolium italicum*, des tiges de seigle partagées en deux, trois et cinq épis ; la *viviparité* (*Lolium multiflorum*, *Poa bulbosa*, *trivialis*, *pratensis*, *angustifolia*, *Cynosurus cristatus*, *Festuca nemoralis*, *Holcus lanatus*, *Triticum sativum*, *Dactylis glomerata*) ; des *soudures* de deux chaumes, l'un de froment, l'autre de seigle ou d'ivraie ; la *gémination* des épillets sur une même dent de l'axe chez l'*Ægilops ventricosa ;* l'existence de trois carpelles chez le *Schedonorus elatior*, et d'une troisième fleur pédicellée fructifère aux épillets du seigle, diandre et à pistil stérile dans l'épillet normalement biflore de l'*Holcus setiger*. — Des *Lolium* ont offert la bifurcation de l'axe de l'épillet, avec parfois une singulière fleur alaire ; des épillets sphéroïdaux, d'autres épillets en double série opposée ou sur plus de deux rangs, la disposition des fleurs en fascicules serrés, la *fusion* de deux glumelles, la *multiplication* des organes floraux, les intérieurs étant intermédiaires entre l'état d'étamine et d'écaille. — Le *Deschampsia media* est quelquefois affecté de nanisme, en même temps que la carie atteint ses organes floraux ; il a été décrit en cet état sous le nom d'*Aira subtriflora*. — Le maïs a offert des anomalies des faux épis (*spicastres*) femelles, ramifiés, tantôt en 2-3 branches égales, tantôt de telle sorte, qu'une tête médiane normale est entourée de quatre à six têtes accessoires, aplaties, portant un nombre moindre de rangées de grains, et terminées parfois par un axe chargé de fleurs mâles ; ces têtes accessoires partent ou de la base commune ou à des niveaux un peu différents ; on les a vues formées d'un mélange de fleurs mâles et de fleurs femelles ; on observe encore sur les têtes les passages de la disposition droite des séries de grains à la disposition spiralée, une concordance telle entre ces divers rangs, que leur nombre est pair, l'avortement d'un ou de deux rangs sur une des faces se reproduisant sur la face opposée. Une tête de maïs à six rangs se prolongeait en un axe filiforme portant des grains géminés à la base, solitaires plus haut. Les têtes s'aplatissent parfois en se bilobant au sommet. D'autres fois, la panicule terminale est androgyne, composée de fleurs femelles au bas des ramifications, de fleurs mâles plus haut, et même de fleurs hermaphrodites, ou remplacée par une ou deux têtes femelles, ou formée d'une tête femelle entourée d'épis mâles ou androgyns, ou de plusieurs têtes femelles avec quelques épis femelles à la base, mâles au sommet ou androgyns. — Dans certains cas, la panicule de l'avoine ne peut se dégager des feuilles du chaume. — Sous l'action d'un *Ustilago*, les organes centraux de la fleur du *Bromus secalinus* sont remplacés, le pistil par une sorte de pyramide ou protubérance noire, les étamines par trois folioles mutiques, au-dessus desquelles la pyramide porte un faisceau de 5-9 folioles aristées.

JONCÉES : *Chloranthies* des *Juncus articulatus* et *mutabilis ;* fleurs du *J. lamprocarpus*, tantôt remplacées par des écailles, tantôt ne différant de l'état normal que par l'*hypertrophie* des six pièces du périanthe, pendant que les six étamines, transformées en folioles sans trace d'anthères, conservaient leur position normale, et que l'ovaire était réduit à trois languettes apiculées entourant un pédicule central.

COLCHICACÉES : 1° Genre Colchique : *Soudure* (1) de deux fleurs, le périgone étant à onze pièces ; *multiplication* du calice ; un calice fendu en quatre parties, dont trois simples et la quatrième formée de trois autres, absence de pistil, *transformation* de deux des trois styles en filaments anthérifères ; une fleur sans carpelles, avec les six pièces périgoniales colorées en vert, et neuf pièces staminiformes de différentes longueurs, portant presque toutes des anthères blanches.

2° Tofieldia calyculata : Nombre des carpelles doublé (porté à six) dans la plupart des fleurs ; l'un de ces carpelles offrant deux cavités, l'une à ovules bisériés le long de la suture ventrale, l'autre plus petite remplie de pollen normal ; *transformation* d'un carpelle en étamine.

3° Veratrum nigrum : Tantôt type 5 dans les 3 verticilles extérieurs (le périanthe étant en préfloraison quinconciale, et la bractée occupant parfois la place de la sixième feuille périgoniale), avec 3 carpelles ; tantôt verticilles binaires, 4 étamines opposées aux 4 pièces du périanthe, 2 carpelles ; tantôt, chez des individus cultivés, la moitié des étamines changées en pétales ; enfin, dans un cas, une des étamines intérieures, à filet épaissi, soudée avec le fruit et portant à sa face interne des ovules isolés.

LILIACÉES : On y a constaté un commencement de *disjonction* longitudinale de la tige en trois faisceaux compliquée de *torsion* (*Asphodelus cerasiformis, Endymion nutans*) ; la *partition* de la tige soit en 3, soit en 5 branches terminées par une fleur (Tulipe) ; la *fascie* soit simple (*Lilium bulbiferum, candidum, Martagon*), soit

(1) Plusieurs des cas désignés dans ce travail, d'après le témoignage des auteurs, sous le nom de *soudures*, appartiennent au phénomène de *partition*.

avec torsion (*Fritillaria imperialis*); la *soudure* de feuilles (*Allium Porrum*); la sortie d'une double hampe du centre de la même rosette (Jacinthe); l'inflorescence incluse dans la cavité cylindrique de la tige (*Allium*); une inflorescence d'*Asphodelus luteus* émettant après l'anthèse une branche florale à fleurs prolifères, mais stériles; l'*allongement* de l'axe floral avec transformation des verticilles floraux en spirales (Tulipes); la *déformation* cuculliforme d'une feuille (Tulipe); la *production* de bourgeons sur les feuilles (*Fritillaria imperialis*, *Ornithogalum thyrsoïdes*), de caïeux, bourgeons adventifs, sur la portion vaginale de la feuille du côté inférieur ou externe et en un point opposé à la ligne médiane (*Ornithogalum scilloïdes*), sur divers points de la base étiolée et enterrée d'une feuille d'*Hyacinthus orientalis;* la production d'un bulbe sur le limbe raccourci et en capuchon d'une feuille (*Allium magicum*), d'un bulbille à l'extrémité de la tige (*Lilium bulbiferum*), d'éperons aux sépales (Tulipe), aux bractées et aux pièces périgoniales (*Hyacinthus orientalis*); le *remplacement* des bourgeons ordinaires par des bulbilles (*Hemerocallis flava*), des bourgeons floraux par des bourgeons foliaires (*Aloe*, *Eucomis*), des sépales par des feuilles vertes (Tulipe), de toutes les parties florales par de nombreux sépales étagés sur un axe allongé (Lis blanc), de la grappe par une panicule réduite aux pédoncules et aux pédicelles (*Muscari comosum*), des étamines par des sépales (Tulipe, *Lilium Martagon*), des carpelles par des feuilles (Tulipe), de toutes les parties florales par des feuilles (Tulipe, Tubéreuse, Jacinthe), du type ternaire par les types quaternaire et quinaire (Tulipe des jardins); la *multiplication* des pièces du périanthe au nombre de 7, 8, 10, 12 (Ornithogale, Ail, Lis, Tulipe, Jacinthe), ou des étamines au nombre de 7, 8 (*Tulipa sylvestris*), de 8 (*Ornithogalum octandrum*, simple anomalie de l'*O. umbellatum*), de 7, 8, 9, 10 (*Lilium candidum*, *lanceolatum*, *croceum*, *Yucca flexilis*), ou des carpelles portés à 4 (*Allium Porrum*, *Hemerocallis fulva* et *lutea*), à 6 (*Fritillaria imperialis* et *Meleagris*, *Lilium candidum*), dont 4 parfois disposés en cercle et 2 centraux; ou des pièces de tous les verticilles, soit 8 pétales, 7 étamines, dont 1 provenant de la soudure de 2, avec plusieurs lobes stigmatiques (*Tulipa Oculus-solis*), soit 9 divisions périgoniales sur 2 rangs incomplets, séparés par une large fente, 9 étamines, 10 anthères, 2 pistils (*Lilium Brownii*), ou bien le nombre de toutes les parties doublé (*Agapanthus umbellatus*); la *soudure* chez le même des pédoncules par 2, 4, avec augmentation de parties aux fleurs soudées, l'une à 6 pétales, 6 étamines (dont 1 à filet pétaloïde), et 1 ovaire à 2 carpelles libres, l'autre à 6 pétales, 8 étamines et 4 feuilles carpellaires soudées ; dans une de ces synanthies, 9 feuilles carpellaires en 3 groupes étaient entourées de 16 pièces au périgone et à l'androcée ; quelques pédoncules robustes partant du milieu de l'ombelle supportaient de 3 à 5 fleurs. La *réduction* des étamines, au nombre de 3 (*Lilium tenuifolium*), et une Tulipe, chez laquelle les carpelles étaient opposés aux pétales ; la *multiplication* et la *réduction* des parties dans des fleurs de *Gagea*, une de *G. saxatilis* ayant 10 pièces périgoniales, une de *G. lutea*, 7 étamines, tandis que chez le *G. arvensis*, on a constaté, avec l'absence de bulbe et des anomalies dans l'inflorescence, la soudure de 2 fleurs avec 12 pièces périanthiques, 12 étamines, 2 pistils, ou 11 pièces et de 8 à 11 étamines, ou 10 pièces et 8, 9, 10, 11 étamines, ou 9 pièces et 6, 8, 9, 10 étamines, ou 8 pièces et 6, 7, 8, 10 étamines, ou 7 pièces et 6, 7, 8 étamines avec fruit à 3, 4, 5 carpelles, ou 6 pièces, 6, 7, 8 étamines et fruit à 5 carpelles, ou 5 pièces et 4, 5, 6 étamines, ou 4 pièces, 4, 6 étamines, sans fruit ou à pistil triparti, ou 3 pièces et 2 étamines, ou 2 pièces et 1 étamine. Une fleur de Jacinthe d'Orient renfermait plusieurs autres fleurs pleines ; une autre offrait une *prolification* latérale ; un *Muscari botryoïdes* une prolification axillaire. On cite une *soudure* de 3 fleurs de *Lilium croceum* les pistils étant restés distincts, celle de 2 pédicelles et de 2 fleurs (par la face externe d'une foliole de leur périanthe), de l'*Hyacinthus orientalis*, avec intégrité des verticilles de chacune d'elles ; la *déchiqueture* des divisions périgoniales d'une Tulipe ; la *disjonction* du périanthe (Tubéreuses), des parties de l'anthère (*Tulipa Oculus-solis, Lilium pyrenaicum*), des carpelles (Tulipe, Lis, Hémérocalle) ; l'*appauvrissement* d'une fleur de Fritillaire impériale, dépourvue de fossettes nectarifères, avec anthères avortées poilues et pistil rudimentaire ; des *transformations* d'organes, une étamine de *Tulipa Clusiana* devenue semi-pétaloïde ; les pistils occupant par métamorphose descendante la place des étamines (*Asphodelus ramosus*) ; les placentas d'une Jacinthe d'Orient portant dans une moitié du fruit des anthères, dans l'autre des graines ; le périgone d'une autre Jacinthe réduit en apparence à 5 pièces, la 6e étant sous forme de filament, opposée à la plus développée des extérieures ; enfin une fleur de Tulipe des jardins avait 21 feuilles florales, les 9 extérieures à l'état de pétales, 6 offrant tous les passages des étamines aux pétales (anthères normales avec filets élargis, moitié d'anthère normale, l'autre pétaloïde, ou anthère sur le milieu d'une petite feuille), puis 6 étamines normales, et à la place du pistil un prolongement de l'axe portant une deuxième fleur à 6 folioles, 6 étamines normales et un pistil régulier.

Asparaginées : *Fascie* des tiges d'Asperge et de *Ruscus ; enroulement* ou *torsion* des axes du *Ruscus aculeatus* et de l'Asperge ; *partition* tantôt médiane, tantôt latérale des rameaux foliacés des *R. aculeatus* et *Hypoglossum ; production*, à l'aisselle de la feuille-mère des fleurs de cette dernière espèce, d'un rameau tertiaire foliiforme et portant des fleurs ; formation sur la ligne médiane des rameaux foliiformes, ordinairement stériles, du *Danae racemosa* (*Ruscus racemosus*), d'un fascicule floral ; *réduction* dans le nombre des feuilles du *Paris quadrifolia* et formation d'*ascidies* chez le *Paris quadrifolia* var. *trifoliata* et chez le *Polygonatum multiflorum ; augmentation* numérique des feuilles du *Paris quadrifolia*, portées à 5, et dans certains de ces cas d'augmentation, les verticilles floraux reproduisant ce même type ; *partition* d'une des feuilles de cette espèce ; apparition de deux ascidies d'un même côté de la tige aux feuilles 3e et 5e, et développement foliacé des bractées du *Polygonatum multiflorum ;* inflorescence de *Polygonatum vulgare* emprisonnée entre deux feuilles ; tige florale de *Maianthemum bifolium* portant tantôt une seule feuille, tantôt 3 feuilles ; hampe de *Convallaria majalis*, se dégageant de deux feuilles et émettant au-dessous de l'inflorescence une 3e feuille ; hampe de la même espèce se terminant par une pointe sans appendices ; un muguet présentant, outre ses pédoncules biflores (la 2e fleur étant sous la terminale à l'aisselle d'une bractéole), un dédoublement des pétales, des étamines se pétalisant, et les 3 carpelles disjoints ; deux *synanthies* des fleurs inférieures du *Polygonatum anceps* offrant ici un périanthe à tube partagé par une cloison et à 12 lobes, 12 étamines et 2 ovaires, l'un à 4 loges et 3 styles, l'autre à 2 loges et 2 styles ; là 9 pièces périgoniales, 9 étamines et 2 pistils, l'un trimère, l'autre à 2 loges et à 4 styles. Le *Convallaria majalis* a montré tantôt l'*allongement* du réceptacle avec espacement des verticilles floraux, tantôt des variations infinies de nombre dans les pièces de ses divers verticilles, tous étant soit à type quaternaire ou quinaire, sauf le pistil réduit à 2 carpelles, ou à type quaternaire pour le périgone, quinaire pour l'androcée, binaire pour le pistil, ou quaternaire avec addition de 2 folioles intérieures et 6 étamines, ou sénaire avec 7 étamines et 2 loges à l'ovaire, etc. Enfin on a vu chaque pièce périgoniale d'une fleur de muguet offrir une fleur à son aisselle.

Dioscorées : *Fascie* des *Dioscorea Batatas* et *edulis*, compliquée chez ce dernier de torsion.

Amaryllidées : Des *fascies* de Narcisse, des *chloranthies* d'*Agave* et de *Furcroya ;* la *disjonction* du périanthe des Narcisses et la *multiplication* des pièces de l'enveloppe florale de ce genre, où s'est également montrée la *prolification* centrale (un faisceau de pétales et d'étamines avortées occupant la cavité ovarienne) ; le *remplacement* du type ternaire par le quaternaire (Narcisse et *Amaryllis lutea*) ; la *soudure* par les faces contraires de deux feuilles d'*Agave americana*, la soudure entre une feuille et une bractée de *Narcissus poeticus*, et chez les *Narcissus biflorus* entre les nervures médianes d'un sépale et d'une bractée, celle-ci s'étant préalablement tordue pour s'unir par sa face inférieure ; la soudure à tous les degrés de deux fleurs de cette espèce, entre deux pédoncules et deux fleurs d'Agavé d'Amérique, entre 3 fleurs de *Narcissus Tazetta*, ayant produit 15 sépales, au lieu de 18 ; entre 2 pédicelles et 2 ovaires de *Narcissus chrysanthus*, les deux limbes restant distincts, portant chacun 6 étamines, mais avec une couronne unique ; la hampe normalement uniflore de *Corbularia tubæformis*, terminée par deux fleurs soudées (bien qu'avec une seule bractée), dont une des moités du périanthe à 5 pièces, et l'autre à 6 ; une fleur de la même espèce ayant 3 des divisions périgoniales normales, les 3 autres (les externes) raccourcies, retrécies, revêtant la nature staminale, portant des loges anthérales dans la partie comprise entre les nervures latérales et les bords, en même temps que la couronne (normalement entière) était divisée en trois lames opposées aux divisions normales ; un pédoncule aplati de *Leucojum vernum* se bifurquant avec une fleur sur chaque branche, tandis que sur un autre pied, l'ovaire élargi portait un périgone à 8 pièces et 8 étamines ; l'*Hypertrophie* subnormale des graines (*Agave*, *Crinum*, *Amaryllis*) ; le *développement* de rameaux jeunes et vigoureux à l'aisselle des bractées et à la place des pédoncules tombés avec les ovaires jeunes qu'ils supportaient (*Furcroya longæva*) ; le développement d'une racine sur la nervure médiane dorsale de deux feuilles d'un *Crinum* ; la *transformation* des étamines en pistils chez un *Amaryllis*, d'une étamine en feuille périgoniale chez un *Amaryllis* hybride ; la *duplicature* d'une fleur d'*Amaryllis*, les jeunes graines étant portées sur le bord des étamines changées en pétales.

Iridées : Nombreuses déviations du type ternaire, savoir : fleur de

Gladiolus psittacinus à 3 bractées, au lieu de 2, 5 divisions au périanthe, 2 étamines, dont l'une résultant de la soudure de 2, et 2 loges à l'ovaire; une fleur de *Tigridia ferraria* à 4 divisions périgoniales extérieures et 3 intérieures, 4 étamines, 4 styles; une fleur d'*Iris squalens* régulièrement tétramère dans tous ses verticilles; une d'*I. Xiphium* tétramère par le calice et l'androcée, pentamère par la corolle, hexamère par le pistil; une de *Gladiolus floribundus* tétrandre; un pied d'*Ixia miniata* à fleurs, les unes régulièrement ternaires, les autres soit quaternaires soit quinaires; une fleur de *Moræa chinensis* avec tous ses verticilles binaires, mais où l'on retrouvait au-dessous de la fleur les rudiments bien évidents du tiers manquant; une fleur double de *Galanthus nivalis*, avec les 2 verticilles extérieurs du périanthe chacun à 4 parties, les intérieurs moins réguliers à 3, les pièces internes parfois 3-fides, la division médiane y représentant alors 1 étamine plus ou moins bien conformée, l'ovaire occupé par une masse cellulo-vasculaire; les filets staminaux d'un *Crocus* remplacés par 4 ailes pétaloïdes et en croix; dans les *Crocus nudiflorus* et *odorus*, la *transformation* des éléments du périanthe en stigmates; une fleur de *Crocus vernus* développée en février sur un rameau de l'année, réduite en apparence aux stigmates, les autres verticilles floraux étant restés à un état rudimentaire; enfin, une *fascie* de Glayeul.

Broméliacées : Dans un Ananas de l'Archipel indien le centre d'une fleur émet, de l'aisselle de ses organes, d'autres fleurs.

Zingibéracées : Plusieurs cas de *pélorie* ont été offerts par le *Zingiber Zerumbet*, dont une fleur avait l'androcée à 6 pièces, les 3 internes fertiles, les 3 extérieures tantôt égales entre elles, tantôt inégales, une seule différant des 2 autres.

Cannées : Il n'est pas rare de voir avorter 1 ou 2 des carpelles dans les *Canna*.

Orchidées : Les monstruosités de ce magnifique groupe sont nombreuses et intéressantes. On a cité : une feuille et la première bractée de l'*Orchis incarnata* var. *sambucina* bifides au sommet; la présence de bulbilles sur les feuilles du *Malaxis paludosa;* un *Cypripedium insigne* à pédoncule biflore: un *Orchis pyramidalis* à tige fourchue; un *Himantoglossum hircinum* dont une fleur inférieure de l'épi était remplacée par un épi de sept fleurs; un *Orchis latifolia* où l'axe se terminait par une pointe sans appendices; un *Platanthera bifolia* où une tige florifère, mais plus courte que la normale, occupait la place d'une feuille manquant;

un *Orchis Morio* commençant à doubler; un *Cattleya Forbesii* à trois labelles, situés l'un devant l'autre, accusant cette même tendance; un *Pogonia ophioglossoides* aussi à trois labelles, avec *transformation* de la colonne en petits organes pétaloïdes; un *Cypripedium* à six pièces périgoniales au lieu de cinq par la scission du sépale inférieur en deux sépales latéraux; un *Cypripedium Hookeræ*, tendant au type quaternaire par l'amplification de la pièce inférieure du verticille externe et addition d'une partie à la corolle, à l'androcée et aux trois placentas; un *Cymbidium sinense* avec deux labelles et un sépale surnuméraire placé entre les deux inférieurs; un *Miltonia spectabilis* dont les fleurs avaient doublé de diamètre par la culture; un *Orchis mascula* à fleurs doubles; un *Ophrys aranifera* à cinq sépales, cinq pétales, quatre gynostèmes et un ovaire à deux loges avec quatre placentas pariétaux; un *Orchis ustulata* double, mais avec avortement de l'ovaire, chaque fleur ayant quelques bractées, deux labelles dressés à court éperon et plusieurs groupes (accompagnés chacun d'une bractée) de petits organes pétaloïdes; des pélories d'*Orchis latifolia*, *papilionacea* et *Simia*; un *Platanthera bifolia* sans éperon, offrant les six divisions du périanthe subégales; un *Orchis palustris* où les verticilles de la fleur la plus inférieure étaient tétramères, offrant deux labelles, quatre étamines dont trois stériles, quatre placentas; un *Orchis militaris* et un *O. conopsea* à six étamines; un *O. Morio* à deux étamines; un autre à trois avec avortement d'un ou de deux pétales; un *Ophrys aranifera*, un *Cattleya crispa*, et un *Epidendrum* à trois étamines; un *Epipactis* à style formé de trois pièces; un *Orchis laxiflora* dont les fleurs supérieures seules avaient le labelle dirigé vers l'axe, en même temps que s'étaient transformées en labelles les deux grandes divisions constituant à l'état normal le casque, et que s'étaient développés, à toutes les fleurs, trois éperons, les deux supplémentaires appartenant à deux pièces du verticille extérieur; un *Ophrys apifera* dont les deux fleurs inférieures de l'épi étaient également résupinées, les supérieures étant restées normales; un *Orchis maculata* ayant toutes ses fleurs résupinées; un *Limodorum abortivum* à deux rudiments latéraux d'anthères; des fleurs de *Cypripedium insigne* et d'*Epidendrum Stamfordianum* réduites à deux sépales opposés et à deux pétales (dont l'un le labelle), alternant avec les sépales; d'autres fleurs, également binaires, de la dernière espèce citée, ayant deux labelles pour corolle, et d'autres encore, un seul sépale et un labelle; un *Ophrys aranifera*, et un autre espèce de ce genre où le périanthe était formé de trois sépales et d'un labelle, et l'androcée de trois étamines au lieu d'une; un *Orchis mascula* et un *O. conopsea* hexandres, une étamine se trouvant à la base de chaque division du périanthe en même temps que le labelle était amoindri; un *Maxillaria Deppei* où les deux pétales manquaient; les *Oncidium heteranthum* et *pentadactylum* à fleurs presque régulières et sans gynostème; un commencement de *pélorie* de l'*Orchis conopsea* avec demi-torsion des fleurs, l'éperon et le labelle dimidiés, et la présence d'une étamine stérile devant chacune des six pièces du périgone; l'*Orchis mascula* à fleur réduite à deux ou trois pièces périgoniales sans labelle ni éperon, mais avec ovaire allongé; une autre ayant tous les sépales atrophiés et globuleux, un autre dont la fleur inférieure de l'épi avait seule un éperon très-court, les autres fleurs étant dépourvues de cet appendice, en même temps que le labelle était indivis ou à peu près; l'*Orchis fusca* perdant les deux lobes latéraux du labelle, en même temps que le lobe médian prenait un accroissement remarquable.

PLANTAGINÉES : On a vu l'*atrophie* de l'axe primaire coïncidant avec le développement de longues bractées, à l'aisselle desqu'elles étaient de jeunes bourgeons (*Plantago maritima*); une rosette de nombreuses feuilles de *P. media* émettant une vingtaine de rameaux, et à chaque aisselle où manque un de ces rameaux une fleur complète, mais qui ne fructifie pas; un autre axe, très-court, de *P. media*, terminé par une touffe de feuilles avec une fleur centrale; les épis des *P. lanceolata* et *Coronopus* se bi-trifurquer avec ou sans aplatissement; des épis secondaires à l'aisselle des longues bractées inférieures du *P. maritima*; les bractées de l'épi des *P. major* et *maritima* devenir foliacées sans modification des fleurs à leur aisselle, et d'autres fois ces bractées rester petites, scarieuses, l'épi se transformant en panicule pyramidale; un épi de *P. major* terminé par une rosette de feuilles; l'inflorescence du *P. lanceolata* changée en corymbe, et celle du *P. Coronopus* en épi composé; la hampe du *P. lanceolata* terminée par une rosette de feuilles et par un épi prolifère. Plusieurs de ces anomalies sont devenues comme autant de variétés horticoles, désignées sous les noms de *bracteata*, de *rosea* (rosette de feuilles sans fleurs), de *polystachya*, de *prolifera* et de *paniculata*.

PLUMBAGINÉES : Un *Armeria vulgaris prolifié* émettait, à la place du capitule terminal, six pédoncules portant chacun une tête florale.

PRIMULACÉES : Famille très-féconde en anomalies, telles : *Cyclamen neapolitanum* à feuilles linéaires (*C. linearifolium*), *fascies* de l'*Androsace maxima*, du *Primula officinalis*; passage chez l'*Anagallis collina* de l'opposition des feuilles au verticille par dissociation; production chez un *Anagallis phœnicea* (dont l'axe primaire portait 3-5 paires de feuilles aissailant des fleurs normales) de fleurs anomales à pétales verts et tous petits, à étamines sans pollen, à ovaire composé de cinq feuilles cohérentes bord à bord, l'axe central étant occupé par de petites feuilles; *virescence* générale (*Anagallis arvensis*, *Primula sinensis*); *remplacement* des parties florales par des organes foliacés (*Lysimachia Ephemerum*), des anthères par une houppe de pétales (*Primula*); *multiplication* des parties du calice et de la corolle avec leur disposition en spirale et avortement des organes sexuels (*Primula veris*); *inclusion* des corolles dans le calice (*Primula officinalis*); *disposition spiralée* de toutes les parties du périgone (*Primula veris*); *scission* de la corolle et sa *soudure* avec le calice (*Primula sinensis*); *disjonction* des sépales (*Primula officinalis* et *P. elatior*), des pétales (*Anagallis phœnicea*), des carpelles (*id.* et *Primula acaulis*), des diverses parties florales avec leur développement en feuilles spiralées (*Anagallis arvensis*, *Corthusa Mathioli*) et *multiplication* des verticilles dont les feuilles émettent des bourgeons axillaires floraux, en même temps que les ovules sont portés sur de petits renflements partant de l'axe (*Primula sinensis*); *apostase* ou *écartement* des verticilles (*Anagallis phœnicea*); séparation des verticilles floraux; avec *ecblastérie* ou naissance de bourgeons et rameaux à l'aisselle des sépales et des pétales virescents, et *diaphyse* ou continuation de l'axe floral au delà des feuilles carpellaires (*Anagallis phœnicea* réunissant ces trois derniers phénomènes); *duplicature* (*Anagallis arvensis*), liée au verticillisme des feuilles et due à la transformation en faisceaux de pétales tantôt des étamines, et tantôt des appendices, qui, placés à la base de la corolle, alternent avec ses divisions; *augmentation* de nombre des pièces des verticilles portées à 8 pour chacun des trois extérieurs (*Anagallis collina*); augmentation ou réduction du type floral variant de 4 à 7 (*Primula sinensis*).

Mais c'est surtout l'ovaire des Primulacées qui a montré des déviations intéressantes : Parfois simplement hypertrophié (*Primula sinensis*), ou remplacé, dans toutes les fleurs du même pied, par un bouton de fleurs très-bien développé (*Primula Auricula*), ou offrant la transformation des ovules en feuilles, le pétiole formant le funicule (*Corthusa Mathioli*, *Anagallis arvensis*, *Primula sinensis*), ou portant à sa paroi interne des loges anthérales (*Primula acaulis*), ou renfermant soit un rameau feuillé

(*Lysimachia Ephemerum*), soit un rameau poilu (continuation du pédoncule floral) chargé d'appendices contournés, et dont les bords sont ovulifères (*Primula sinensis*), ou un placenta ovulifère à la base, et qui se prolonge pour porter une petite fleur (*Corthusa Mathioli*); laissant sortir soit un ramuscule feuillé, et quelquefois ramifié, prolongement du placenta (*Lysimachia Ephemerum*), soit comme une petite plante à fleur terminale et réduite à un calice et à un androcée de trois pièces, avec une corolle 5-lobée (*Primula variabilis*).

Jasminées et Oléinées : *Fascies* du frêne, de l'olivier, du jasmin et des rameaux souterrains de ce dernier. Un *Syringa vulgaris* à feuilles trifoliées, et un à feuilles ternées; un autre offrant deux feuilles opposées, à nervure médiane bifurquée dès la base, et à limbe bilobé; un *Syringa persica* à feuilles laciniées; la *soudure* à tous les degrés des folioles du *Jasminum officinale*, jusqu'à la fusion des six folioles en un limbe unique; la soudure de deux feuilles de lilas, et celle de trois fleurs de cette même espèce déterminant un calice et une corolle à onze pièces chacun avec six étamines et trois pistils; la *multiplication* des pétales encore chez le lilas; la *transformation* pétaloïde d'une dent calicinale de *Syringa persica*, et l'apparence de carène prise par un pétale de *Jasminum grandiflorum*; enfin la *réduction* chez ce dernier au type 4 des parties des deux verticilles extérieurs : telles sont les anomalies de ce groupe.

Éricinées : Peu nombreuses sont les déviations organiques observées dans cette famille (y compris les Rhodoracées et les Vacciniées). Ce sont : des *disjonctions* de pétales (*Rhodora canadensis*, *Azalea periclymena*); le développement chez l'Arbousier d'une seconde corolle à la place du cercle intérieur d'étamines, cinq des lobes de cette corolle étant anthérifères; les filets *transformés* chez les *Rhododendrum* et *Azalea* semi-doubles, en quatre ailes pétaloïdes et en croix; la tendance chez l'*Azalea pontica* à l'avortement des étamines, complétement réalisé chez les *Rhododendrum omniguttatum* et duc de Bade (hybride), les filets persistant; l'*anandrie* des *Erica vulgaris* et *Tetralix*; l'*adhérence*, chez cette dernière espèce, des étamines avec le style; la formation d'un bourgeon au-dessus de l'ovaire des *Rhododendrum indicum* et *arboreum* cultivés; l'*avortement* des étamines ou leur transformation en pistils, la corolle restant rudimentaire chez l'*Erica Tetralix*; chez un *Erica mirabilis* le développement du placenta en un petit rameau chargé d'ovules à la base, de feuilles au sommet, les loges ovariennes restant fertiles, et les cinq carpelles se prolongeant pour former un tube stylaire et cinq faux stigmates opposés aux carpelles, tandis qu'à l'état normal ils alternent avec eux; la *virescence* et l'allongement de la corolle égalée ou dépassée par les étamines chez l'*E. cinerea;* la germination des graines dans les baies, encore portées sur le pied, d'un *Pernettia mucronata* placé dans une atmosphère chaude et humide. Enfin, les feuilles sublinéaires du *Calluna vulgaris* s'étaient élargies et étalées.

LABIÉES : *Fascies* (*Ajuga pyramidalis*, *Salvia verticillata* qui offrait, en outre, deux sortes de feuilles); tige en zig-zag et aplatie, n'émettant qu'une seule feuille bilobée à la pointe de chaque courbure, les rameaux axillaires restant normaux, à feuilles opposées (*Stachys maritima*); *torsion* des tiges (*Stachys annua*, *Hyssopus officinalis*, *Dracocephalum Moldavica*), compliquée soit de leur aplatissement, soit de leur épaississement et de la *disjonction* des feuilles disposées tout au tour en spirale (*Mentha aquatica* et *piperita*, *Leonurus Marrubiastrum*); *prolification* de tous les rameaux avec tassement de l'axe, et liée à des anomalies florales (*Teucrium Scorodonia*); *soudure* de feuilles (*Salvia Verbenaca*); *disposition verticillée* de ces organes (*Dracocephalum Moldavica*, *Salvia splendens* un rameau); plusieurs *prolifications* médianes frondipares; deux pieds de *Galeopsis Ladanum* avec des fleurs en apparence terminales, régulières, semblables à celles d'un *Phlox; pélorie* de *Galeopsis Tetrahit*, de *Teucrium campanulatum*, et d'après le type tétra-penta-hexamère chez *Galeobdolon luteum*, *Betonica officinalis*, *Stachys sylvatica;* des fleurs subrégulières de cette dernière espèce, tantôt renfermant dans l'ovaire les rudiments d'une fleur mal développée, ou une inflorescence entière, tantôt émettant des prolifications diverses, et laissant voir quatre fleurs sortant l'une de l'autre; un *Stachys* montrant le *dédoublement* du lobe moyen de la lèvre inférieure de la corolle, et un *Stachys excelsa*, où le même phénomène se compliquait du développement d'une cinquième étamine. La *transformation* des pétales en sépales (*Teucrium Chamædrys*), des organes floraux en feuilles (*Clinopodium vulgare*), des enveloppes florales en folioles bractéiformes avec multiplication des hémicarpelles au nombre de 6, 8, 10 (*Teucrium Scorodonia*); l'*apétalie* (*Ajuga Iva*, *Teucrium Botrys*, *Lamium amplexicaule*); l'*amplification* de la corolle (*Galeopsis*, *Brunella*); son *dédoublement*, la présence dans un même calice de *Phlomis* et de *Ballota nigra* de deux corolles avec leur androcée et leur gynécée; la présence d'un calice 10-fide, d'une corolle 6-fide et de 6 étamines avec un pistil normal (*Betonica Alopecuros*); d'une corolle à six lobes et de six étamines alternes (*Cleonia lusitanica*); la *soudure* de deux fleurs en une fleur terminale, par suite de l'avortement de l'axe (*Galeopsis*); l'*apparition* de la cinquième étamine (*Melittis Melissophyllum*), de cinq étamines et de cinq styles avec cinq loges ovariennes bilobées (*Sideritis canariensis* et *Coleus aromaticus*), d'un stigmate trilobé avec six lobes ou six hémicarpelles à l'ovaire, cinq étamines et une corolle subrégulière (*Stachys sylvatica*); la disjonction des éléments du fruit (chez le même); la transformation des étamines en pistil (*Stachys germanica*); la *soudure* du stigmate au lobe médian de la lèvre inférieure (*Salvia pratensis*).

La tendance à la soudure des lobes du périanthe va quelquefois jusqu'à *réduire* la corolle des Labiées à quatre lobes, type qui se reproduit dans les trois verticilles extérieurs (*Salvia officinalis*, *grandiflora* et *pratensis*, *Galeobdolon luteum*, *Betonica Alopecuros*).

Verbénacées : Un *Lippia citriodora* avait toutes ses feuilles quaternées sur une branche radicale dont les rameaux les avaient ternées; un *Lantana* a offert la soudure de feuilles.

Acanthacées : Je ne connais, en fait d'anomalies de cette famille, qu'une *soudure* de deux feuilles de *Justicia oxyphylla*, l'*apétalie* d'un *Ruellia clandestina*, observée à Upsal, et deux *synanthies* florales chez un *Justicia ;* dans l'une, les deux corolles se trouvant greffées côte à côte de manière à former comme deux casques accolés; dans l'autre, la lèvre unique, plus grande que de coutume, étant terminée par quatre lobes.

Sésamées : Sur plusieurs branches desséchées de *Sesamum indicum* aux fruits dicarpellés on voyait aussi quelques fruits à cinq carpelles égaux ou inégaux.

Bignoniacées : Des fleurs de *Bignonia capreolata* ont offert les deux étamines supérieures remplacées par des lames pétaloïdes ou des faisceaux de filaments, la place de la cinquième étamine occupée par un corps en tube ou en cornet, mais sans trace d'anthère, un ovaire subavorté surmonté d'un style à trois stigmates; celles d'un *Eccremocarpus*, cinq pétales distincts.

Cyrtandracées : On a vu sur un pied de *Streptocarpus Rhexii* une fleur tout à fait régulière de forme et de coloration avec cinq étamines égales alternant avec cinq lobes égaux de la corolle; sur un autre et à la fois *fasciation* des pédoncules, *pélorie* d'une fleur, *réunion* de deux fleurs, *remplacement* dans les trois verticilles extérieurs du type cinq par le type six, *atrophie* des lobes de la corolle.

Gesnériacées : L'axe de végétation du *Gesneria Gerottiana* semblait se terminer par une feuille; de la nervure médiane du *Gesneria spicata* s'élevait une expansion foliacée; et une espèce indéterminée de *Gesneria* a montré ses feuilles chargées d'autres feuilles semblables et soudées dans toute leur longueur par leur face supérieure; une autre des *ascidies*; une autre, tous ses verticilles floraux à six parties; un *Tydea ocellata* sous le tube de la corolle une lame pétaloïde soudée et terminée par un lobe arrondi. A la base et à l'extérieur de la corolle du *Ligeria Fyfiana* se sont montrés par duplicature 5 grands appendices en forme de capuchon; une fleur de *Columnea Schiedeana* a offert une *pélorie*; celle du *Gloxinia speciosa* a changé d'abord de couleur (passant du pourpre au rose et au blanc), puis de direction (se redressant), puis de structure (devenant régulière et enfin double); sa variété *cœruleo-alba* montrait une chorise avec production de lamelles labelliformes; un *Torenia scabra*, une *synanthie* compliquée de résorption et de torsion; un *Gloxinia taragona*, une pélorie et de plus, tantôt l'adjonction de cinq pétales distincts, libres, étalés entre le calice et la corolle; tantôt deux limbes de corolle se séparant d'un tube unique. On a constaté que les *Gesneria* hybrides *Donkelariana*, *Miellezii*, *pyramidalis*, multipliés par boutures de feuilles, donnent des bulbilles qui continuent à végéter, mais sans produire jamais de parties foliacées.

Utricularinées : On a constaté le remplacement des utricules d'une Utriculaire par de petits bourgeons de feuilles.

Orobanchées : *Orobanche Rapum* à fleurs en spirale autour de la tige et à lèvre supérieure de la corolle fendue; *O. cruenta* à fleur accompagnée de deux bractées avec six divisions à la corolle, six étamines alternes avec elles et un style normal; *O. gracilis* à carpelles disjoints.

Scrophularinées : Peu de familles ont offert autant d'anomalies et de tout genre. C'est d'abord la *fascie* (*Antirrhinum majus*, *Linaria vulgaris* et *purpurea*, Digitale pourprée avec inflorescence scorpioïde ou avec partition de deux feuilles par suite de la bifurcation de la nervure médiane, *Veronica incana* et *longifolia*); la *partition* de la tige (*Digitalis lutea* en six ou sept grappes); une Véronique ayant produit à l'aisselle de chaque bractée des axes secondaires, et ceux-ci des tertiaires couverts de boutons restant en cet état; le passage des feuilles de l'alternance au verticille (*Veronica latifolia*); la *réduction* d'une des moitiés du limbe de la feuille jusqu'à l'avortement complet de cette moitié (*Digitalis purpurea*); le développement exagéré des bractées (*D. lutea*); des *chloranthies* (*Verbascum phlomoïdes*, *Scrophularia nodosa*), ayant montré dans le *Linaria vulgaris* la corolle et quelquefois l'androcée remplacés chacun par cinq folioles vertes en même temps que l'ovaire était à cinq loges, ou que le style était entouré d'un tube étroit partant du sommet de la capsule et portant quelques ovules à sa base interne; la *répétition* du calice chez cette même espèce, où cinq étamines fertiles étaient opposées aux lobes d'une corolle à deux éperons; dans un *Veronica Chamædrys* une corolle herbacée tantôt avec l'androcée et le gynécée normaux, tantôt avec des étamines atrophiées et un ovaire stipité; le développement sphéroïdal de la corolle du *Verbascum Chaixi* (dû à la présence d'un insecte), coïncidant avec l'avortement des deux verticilles intérieurs; le développement chez le *V. Pulverulentum* d'une lame pétaloïde sur le dos du filet et même sur le connectif; le *remplacement* de la cinquième étamine par un filet dans une fleur d'*Antirrhinum majus*, et l'apparition dans une autre fleur de cette espèce de deux appendices provenant du dédoublement des nervures médianes des deux pétales supérieurs; l'*avortement* des pétales (*Verbascum Thapsus*), des deux étamines (*Calceolaria rugosa*) ou de deux seulement sur quatre (Digitale pourprée); l'*augmentation* de nombre de toutes les parties florales (*Linaria pilosa*), ou de quelques parties de verticilles, coïncidant parfois avec des avortements, savoir : *Digitalis purpurea* à lèvre supérieure de la corolle trilobée; *D. lanata* à sept parties à chaque enveloppe florale, deux étamines, trois carpelles; *D. aurea* à calice composé de deux verticilles trimères et à pistil de trois carpelles; *D. purpurea* à sept divisions calicinales, six à la corolle, six étamines alternes avec celles-ci également espacées et dont trois plus grandes, pistil normal; *Scrophularia alpestris* à six lobes au calice et à la corolle et six étamines; *S. orientalis* à calice à cinq pièces semblables libres, à corolle en cloche régulièrement divisée, et à pistil offrant les plus diverses transformations; quelques fleurs d'une grappe de *Verbascum nigrum* avec les verticilles extérieurs de six pièces, et une fleur à cinq pièces aux deux verticilles extérieurs et à quatre étamines; *Pentstemon gentianoïdes* à corolle à cinq lobes, fendue à la base et portant six étamines fertiles par suite du dédoublement de l'une de la paire inférieure; le même à corolle à six lobes et à six étamines; *Linaria pilosa* à plus de deux carpelles à l'ovaire; *Verbascum Blattaria* et *Veronica caucasica* à trois carpelles soudées; *Digitalis purpurea* à trois, quatre, six carpelles distincts ou soudés; la *soudure* chez une fleur de *Pentstemon gentianoïdes* de la division calicinale inférieure avec le tube de la corolle; chez une autre de deux des étamines en une seule dont l'anthère était trilobée; chez un *Verbascum australe* du filet staminal avec l'ovaire à paroi ouverte; chez un *Digitalis orientalis* de deux fleurs par les petits lobes de la corolle; chez une Digitale à fleurs blanches de trois fleurs en une seule terminale et s'ouvrant avant celles de la grappe; chez un *Scrophularia sambucifolia* à tige cylindracée mais aplatie au sommet, de rameaux, de pédicelles et de fleurs; celles-ci plus grandes ayant un double appendice sous la lèvre supérieure de la corolle, des étamines en nombre double avec oblitération de quelques-unes, et un ovaire formé de la soudure de deux bien que n'ayant qu'un style. Une inflorescence de *Pedicularis sylvatica* avait une de ses deux fleurs terminales accompagnée de deux bractées, munie d'un calice à cinq dents, d'une corolle à neuf divisions (trois de chaque côté), de deux carènes et d'une division impaire lancéolée, de huit étamines et de deux pistils chacun avec sa glande hypogyne; dans une autre fleur le calice était normal, la lèvre supérieure de la corolle fendue en deux lèvres ovoïdes, il y avait cinq étamines, la cinquième bien développée avec pollen normal, trois des autres étant réduites au filet, un pistil régulier; enfin un pied de cette espèce, par suite de l'ablation du sommet de la tige, développa cinq rameaux latéraux dont toutes les fleurs avaient la corolle divisée en deux parties, l'inférieure formant une sorte de labelle pendant, tandis que la supérieure était trilobée; les filets des deux étamines inférieures étaient entre-croisés en sautoir. Des rameaux souterrains du *Scrophularia arguta*, s'étant élevés au-dessus du sol ont produit des fleurs apétales et fécondes, dont l'existence était inconnue jusques-là. On a cité la *disjonction* des pétales d'une Digitale pourprée chez laquelle dans un cas l'axe primitif se terminait par une synanthie, et d'une Digitale d'Orient, qui offrait dans neuf de ses fleurs, les cinq parties de la corolle libres jusque près de sa base, et une autre fleur à pétale supérieur très-étroit et dressé, les quatre pétales inférieurs étant étalés avec un, trois ou quatre carpelles libres; la disjonction des pétales de l'*Antirrhinum majus*, celle d'un *Mimulus* dont la lèvre supérieure était restée normale, tandis que l'inférieure était à trois lobes subdistincts; la disjonction de toutes les parties florales, y compris les carpelles, d'un *Mimulus luteus*, compliquée du dédoublement du sépale supérieur et du pétale postérieur gauche, de l'hypogynie immédiate et parfois de l'enroulement des bords (non-soudés) des carpelles, les stigmates offrant des cornets fimbriés ; divers cas de *prolification :* un *Mimulus* à sépales et pétales prolifères; une fleur d'*Antirrhinum majus* du centre de laquelle sortait une grappe de neuf à dix fleurs; un *Veronica Chamædrys* à prolification axillaire, et d'autres Personnées à fleurs frondipares; la *transformation* des sépales en pétales (*Mimulus guttatus*), ou l'inverse (*Veronica Anagallis*, *Verbascum Chaixi*); un *Digitalis purpurea* à pétales remplacés par des étamines, et un autre à sept étamines; la réunion de deux corolles dans un même calice de *Pedicularis sylvatica* qui dans un cas était à huit dents en deux lèvres inégales, accompagné de deux bractées renfermant une corolle à huit lobes avec huit étamines (4 en arrière, 4 en avant) et deux pistils distincts chacun à deux loges; la *plénitude* parfaite des fleurs d'une Digitale pourprée, de nombreuses corolles emboîtées les unes dans les autres donnant à la fleur l'aspect d'une Balsamine; enfin les *Pélories* signalées dans un grand nombre d'espèces de genres différents, savoir : 1° *Veronica* à trois étamines, la corolle étant tantôt à quatre tantôt à trois lobes; à quatre étamines (*V. Chamædrys*, *pinnata*, *virginica*), ou à corolle à cinq lobes (*V. grandis* et *Waldsteiniana*), ou à six lobes même (*V. Waldsteiniana*); 2° *Calceolaria :* deux rameaux opposés se terminaient chacun par une fleur régulière; ailleurs la fleur avait pris l'apparence lagéniforme ou sigmoïde (*Calceolaria rugosa*), pélorie aussi du *C. crenatiflora* où la corolle était sous la forme d'un fuseau à moitiés inégales, les deux étamines ayant avorté, le pistil restant normal; 3° *Scrophularia nodosa*; 4° fleurs alaires des *Pentstemon ovatum* et *gentianoïdes*; 5° *Chelone barbata*; 6° *Pedicularis sylvatica* (tantôt une seule fleur axillaire régulière avait les trois verticilles extérieurs senaires, tantôt la fleur ressemblait à celle d'une Primevère); 7° *Rhinanthus Crista-galli*; 8° *Antirrhinum majus*, tantôt à fleur régulière à cinq pétales et à base gibbeuse, pas d'étamines et cinq loges à l'ovaire alternes avec les divisions de la corolle, tantôt à trois éperons partant l'un de la lèvre supérieure, les autres de la lèvre inférieure, un de ceux-ci étant même bifide; 9° *Linaria*, genre où le phénomène a été pour la première fois étudié et où il s'est montré le plus souvent sous deux formes principales avec ou sans éperons (*Peloria anectaria*, *P. quinquenectaria*), se rapprochant dans ce second cas des corolles tantôt de l'*Erythræa Centaurium*, tantôt des Scrophulaires, la gorge étant ouverte et la lèvre inférieure se prolongeant en longue languette (1). Le *Linaria spuria* a présenté une corolle tantôt à lèvre supérieure unilobée avec l'inférieure quadrifide et à deux éperons, tantôt ne différant de l'état normal que par l'absence d'éperon ; et la Linaire pourprée femelle une corolle rabougrie, des étamines avortées, mais cinq carpelles et cinq stigmates. Quant à la Linaire commune, on cite des cas où elle avait les fleurs latérales anectariées et chacune des terminales à cinq éperons, et trois cas où la fleur inférieure de l'inflorescence était seule péloriée, et dans l'un d'eux cette pélorie coïncidait avec une cassure de l'axe primaire de l'inflorescence ; d'autres cas où les quatre étamines et le rudiment de la cinquième étaient transformés en organes tubuleux évasés et où une deuxième fleur plus ou moins développée occupait la place du pistil, fleur plus monstrueuse encore que l'extérieure et dont le pistil tubuleux couvert de glandes se divisait en deux branches au sommet. La pélorie du *Linaria vulgaris* coïncidait à Laon avec la débilité des pieds qui l'offraient, et dans un de ces cas une seule fleur péloriée occupait le sommet de la tige ; deux fleurs supérieures de la même espèce avaient un calice à quatre divisions égales, une corolle régulière hypocratérimorphe à limbe quadri-fide et à gorge fermée par des poils, quatre cornes basilaires et quatre étamines didynames. On a vu enfin des cas de soudure avec et sans pélorie chez la Linaire striée ; 10° *Digitalis purpurea* aux anomalies suivantes : corolle pourvue d'un éperon ; corolle quadri-partite ; fleurs régulières, corolle à cinq divisions arrondies, mais seulement encore quatre étamines ; calice et corolle remplacés par des folioles, les étamines passant aux pièces pétaliques, et, au centre de la fleur occupé par de petites feuilles blanchâtres un axe chargé de bractées et de fleurs ; tige florale naissant du centre d'une capsule et se prolongeant au dehors ; fleur terminale campanulée ; le semis reproduisit cette dernière anomalie qui s'y compliqua de prolification ; nouveau semis suivi de fleurs monstrueuses, en même temps que de l'ovaire de quelques-unes sortait une nouvelle tige à fleurs ; l'une de ces prolifications émit treize boutons floraux, le terminal donnant une corolle campanulée à neuf lobes, neuf étamines, mais avec le pistil normal ; une autre fleur terminale (mais n'émanant pas d'une prolification) avait ses étamines et ses pistils entièrement transformés en pétales entremêlés de nombreux boutons de fleurs.

(1) On peut voir ces diverses formes figurées dans les *Annotations* de Billot, pl. IV.

SOLANÉES : Une *fascie* de *Lycium barbarum* et de *Solanum tuberosum;* une *partition* de tige de cette dernière espèce ; des axes de la même offrant tous les passages du rameau feuillé au tubercule écailleux ; une partition de feuille de *Lycium barbarum ;* le *développement* des tubercules, surmontés de quelques feuilles, aux aisselles soit des feuilles aériennes de la plante, soit même des sépales et des pétales ; un tubercule à quatre digitations, un tubercule inclus dans un autre, un tubercule traversé parfois par un chaume de graminée (Chiendent) ou par un bourgeon allongé de la plante mère du tubercule, et dans un cas de ce genre, un œil de la tubérosité, développé au printemps, ayant émis des pousses latérales, dont une avait percé la chair du tubercule, s'y était renflé en une ou plusieurs tubérosités qui avaient fait éclater le tubercule mère ; des bourgeons s'allongeant en rameaux sur les feuilles des *Lycopersicum cerasiforme* et *pyriforme ;* la *soudure* de deux embryons de *Solanum* : voilà les anomalies des organes végétatifs.

Quant à l'appareil floral, on a cité : un *Nicotiana glauca* à corolle presque pentapétale ; un *Nicotiana sanguinea*, dont la fleur tendait à prendre la forme labiée ; la *multiplication* des parties, tantôt générale à tous les verticilles, (*Lycium barbarum*, état constant de l'Aubergine cultivée), tantôt limitée à un seul verticille, exemples : *Datura fastuosa* à double corolle ; *D. Stramonium* et *Tatula* à 3 carpelles ; *Lycopersicum* à fruit multicarpellé et toruleux ; quelquefois même ces carpelles, provenant, d'après Dunal, de la soudure de plusieurs fleurs, sont disjoints. Dans un cas, 5 carpelles se trouvaient renfermés dans un fruit de Tomate ; un autre fruit de Tomate mûr et très-sain, sans taches ni déchirures, offrait toutes les graines complétement germées avec les cotylédons d'un beau vert. Dans les *Pétunias* doubles, l'ovaire contient des ovules mal formés ou des étamines, et l'androcée est transformé en pétales staminifères. On a vu un *Solanum Dulcamara* à étamines plus longues qu'à l'ordinaire, et un autre *Solanum* où la corolle, réduite au tube, était remplacée par 5 étamines alternes aux 5 normales ; la *transformation* d'une division calicinale en feuille chez le *Lycium europæum*, des 5 étamines en carpelles dans un *Solanum Melongena*. On a cité des branches d'Aubergine portant des fruits semblables à des Tomates, la *soudure* ou le *dédoublement* de deux fleurs : 1° chez une Belladone, le pédoncule étant aplati et à 2 rainures opposées, le calice à 8 divisions (les corolles étaient tombées), et l'ovaire réduit à 2 rudiments ; 2° chez un *Solanum bonariense*, où le calice était à 8 divisions profondes, la corolle à 8 lobes semblables réguliers, alternes avec ceux du calice, l'androcée à 10 étamines normales, formant 2 groupes chacun de 5, et au centre desquels était un pistil normal; 3° chez un *Petunia violacea* avec persistance d'un sépale à l'état de feuille, la soudure d'un sépale avec la corolle et d'une anthère avec le tube de la corolle, le type des 3 verticilles extérieurs étant 8, l'ovaire étant normal. Enfin, l'*Hyoscyamus major* a offert un calice développé avec un rudiment des autres verticilles floraux, et le *Datura quercifolia* des fleurs tantôt réduites à un calice rudimentaire, tantôt offrant en même temps soit des vestiges des autres organes, soit un bourgeon central ou un ovaire atrophié.

Borraginées : Voici leurs anomalies : des *fascies* de *Myosotis scorpioïdes*, d'*Echium pyrenaicum* et d'*E. simplex*; une tige de *Symphytum officinale*, émettant un pédoncule feuillé dont les fleurs étaient avortées, mais qui donnait naissance à une feuille pinnée; la *prolification* des Consoudes; un cas de *phyllomanie* et une *antholyse* d'*Echium vulgare*, où les pétales, les étamines et les carpelles avaient pris l'apparence des sépales; la *disjonction* des sépales du *Symphytum officinale*; l'*augmentation* numérique de toutes les parties florales chez le même, dans un cas provenant d'une synanthie où la fleur plus grosse avait 7 pièces à chacun des 3 verticilles extérieurs et 2 gynécées distincts et complets; l'addition seulement d'un carpelle au pistil (*Anchusa italica*); la *virescence* de la corolle du *Myosotis palustris*, celle de la fleur d'un *Myosotis cæspitosa*, où le calice avait pris l'aspect des feuilles, où la corolle, encore monopétale, tendait vers l'état foliacé, tandis que les étamines n'étaient guère modifiées; mais au centre de la fleur étaient 2 carpelles foliacés libres entourant un bourgeon central ou un rameau folio-florifère; même anomalie chez un *M. palustris*, où parfois aussi le pistil, n'ayant plus son style gynobasique, était 5-lobé ou non au sommet, ou bien était remplacé soit par un long sac aplati, foliacé, soit par un axe feuillé; la virescence de la Consoude liée à la grossification du pistil, devenu foliacé, biloculaire, à 2 ovules par loge avec style bipartite, le calice et les étamines n'ayant pas subi de modification; la *transformation*, chez l'*Echium vulgare*, de toutes les pièces florales en petites feuilles sépaliques; la *disjonction* des carpelles, chez la Consoude; l'*hypertrophie* à un haut degré des carpelles, restant à 4 lobes, de l'*Anchusa italica*; le *remplacement* du pistil : 1° chez un *Myosotis*, soit par un axe feuillé, terminé par des fleurs atrophiées, soit par un long sac aplati, foliacé, avec rudiments d'ovules à l'intérieur, soit par deux petites feuilles opposées unies en gaîne, d'où sortait un axe court terminé par un bourgeon; 2° chez l'*Anchusa paniculata*, par un bourgeon, et cette même espèce a offert un bourgeon à l'intérieur d'un carpelle foliiforme, tandis que dans les hémicarpelles du *Symphytum officinale*, on a pu suivre tous les passages entre la forme mamelonnée de l'ovule et sa métamorphose en petites feuilles linéaires. Le *Lithospermum permixtum* Jord. a été considéré comme une monstruosité du *L. arvense*.

Polémoniacées : *Virescence* du *Phlox Drummundi*, la corolle ayant un tube très-court avec des lobes aigus; *apétalie* du *Polemonium cæruleum; polypétalie* des *Cobœa scandens*, *Polemonium cæruleum*, *Phlox Drummondi*, chez cette dernière espèce les pétales étant linéaires, étalés, les sépales dissociés et poilus, le pistil stipité et à 3 carpelles; *développement* chez le *Cobœa scandens* de 2 corolles 5-partites, l'intérieure alternant avec l'extérieure et avec les étamines; *remplacement* des étamines par des pistils entourant le pistil normal chez le *Polemonium cæruleum*; *disjonction* des carpelles du *Gilia glomeriflora*.

Convolvulacées : On y a signalé : la production d'un axe floral à l'aisselle des bractées du *Calystegia sepium;* la *chloranthie* du *Convolvulus arvensis;* la *transformation* chez le même et chez un *Ipomœa* des sépales en feuilles, les unes sessiles, les autres pétiolées; chez le *Pharbitis hispida* d'un sépale par un pétale, et chez un *Convolvulus* de la corolle par des feuilles libres sans connexion avec les étamines et sans altération ni dans le calice ni dans le pistil; la *disjonction* des carpelles (*Convolvulus*) et la *déformation* des carpelles disjoints en organes subulés, ou même leur développement en feuilles (*Ipomœa, Convolvulus*); l'*atrophie* des capsules, ne renfermant que des graines microscopiques (*Calystegia sepium*); enfin, la *coloration* différente des fleurs de 2 rameaux d'un même individu de *Convolvulus tricolor*, et une *fascie* de *Batatas edulis*.

Quant au petit groupe des Cuscutées, il a offert la variation du type pentamère ou tétramère sur le même individu et dans le même glomérule; l'apparition de capsules tristyles (*Cuscuta europæa*), ou même à 4 carpelles; la bifurcation d'un des stigmates (*C. calycina*), et la soudure des 2 styles jusqu'à l'origine des stigmates (*C. Trifolii* et *Godronii*).

Gentianées : On a cité : la *dissociation* des feuilles du *Swertia perennis*; des *prolifications* soit générale *(Gentiana)*, soit axillaire (*Gentiana campestris*); la *répétition* des carpelles chez le *Gentiana purpurea ;* le développement des sépales en feuilles, et leur *disjonction* dans la Gentiane champêtre ; la tendance à la disjonction des pièces de la corolle, peut-être sous l'effet de l'hybridité ; le *remplacement* des carpelles par des étamines. Enfin une fleur de *Gentiana amarella* offrait une corolle à six lobes dont l'un dédoublé à l'intérieur en pétale, des étamines transformées à divers degrés en pétales, un petit pistil stipité et à côté de lui une deuxième fleur où les lobes corollins étaient changés en anthères, les étamines en pétales, et dont le pistil en entonnoir à la base, portait deux anthères et trois lobes linéaires en tire-bouchon ; une autre fleur de la même espèce avait deux pistils, l'un normal, l'autre longuement stipité. Des fleurs de *Menyanthes* avaient de six à sept pièces à la corolle et à l'androcée.

Apocynées : *Dédoublement* d'une feuille de *Nerium Oleander ; multiplication* non-seulement des pétales, mais aussi des sépales dans les fleurs doubles ; *transformation* des pétales en sépales (*Vinca minor*) ; *pétalisation* des étamines commençant par leur appendice terminal ; changement des étamines en pistils avec traces d'anthères sur le bord et six carpelles intérieurs en deux séries, du milieu desquelles naissait une fleur rudimentaire stipitée et du centre de la fleur une sorte de disque stipité en coupe et portant des semblants d'ovules (*Vinca*) ; *production* chez les Pervenches doubles de deux corps verts, spatulés, entourant le pistil, terminés par un organe analogue au stigmate. Enfin l'ovaire d'une fleur de *Vinca herbacea* était fendu longitudinalement et laissait voir un second pistil intérieur et complet à carpelles en croix avec les deux extérieurs : et chez une Pervenche l'axe primaire, ordinairement indéterminé, se terminait par une fleur à cinq sépales, mais à corolle à huit lobes et à huit étamines.

Asclépiadées : *Fascie* de Stapélie.

Campanulacées : La *prolification* des *Jasione*, tantôt de nombreux pédoncules partant de l'aisselle de bractées hypertrophiées, tantôt l'inflorescence formant une ombelle simple (*Jasione montana*), tantôt des capitules atrophiés stipités ou des rameaux feuillés, que terminaient des têtes de fleurs rudimentaires, partant du capitule primaire ; l'*apétalie* du *Specularia perfoliata ;* la *chloranthie* des *Campanula Trachelium* et *pyramidalis* ; le remplacement des fleurs par des feuilles (*C. Trachelium*) ; la *polypétalie* d'une Campanule, monstruosité décrite comme un nouveau genre

(*Depierrea*) ; l'*hypertrophie* calicinale des *C. persicifolia* et *Rapunculus* ; la *soudure* des fleurs du *C. medium* ; la *transformation* des pétales en sépales ou l'inverse dans le *C. persicifolia* ; la transformation en appendices pétaloïdes des étamines et des carpelles (*C. persicifolia*), celle d'une autre fleur de la même espèce où les étamines étaient devenues planes, le mésophylle de ces lames s'étant changé en pollen de chaque côté de la nervure médiane, où les trois feuilles carpellaires libres au centre étaient dépourvues de rudiments d'ovules à leurs bords, et où, sous les étamines, se trouvaient, en guise de périanthe, de nombreuses feuilles moitié vertes moitié bleues en spirale quinconciale ; la transformation des étamines en pistils et leur soudure dans le *C. rapunculoides* ; la *multiplication* des corolles emboîtées les unes dans les autres produisant des fleurs doubles (*C. Trachelium, pyramidalis, medium*), les étamines et les pistils restant libres (*C. urticæfolia*) ; l'*apparition* d'une anthère au sommet du pistil du *C. rapunculoides* ; le *développement* pétaloïde du stigmate chez le *C. Rapunculus* et l'*aplatissement* d'une tige de *C. rotundifolia* chargée de trois fleurs dont une normale, les deux autres à corolle régulière, à dix lobes aux verticilles extérieurs et dix étamines; une fascie de cette même espèce coïncidant avec la multiplication de toutes les parties d'une fleur portées à 20-25 ; des *fascies* des *C. rapunculoides* et *medium*, du *Jasione montana* et une de *Campanula rotundifolia* accompagnée de trois fleurs dont une régulière et les deux autres ayant dix lobes à la corolle et les organes sexuels aussi en nombre double ; la division profonde de la corolle du *C. medium* et en outre la production sur les parois de l'ovaire des *Specularia hybrida* et *Speculum* de petites feuilles et de bourgeons et même de petits rameaux ; enfin la soudure des deux feuilles sous-florales du *Specularia hybrida* avec l'ovaire.

Composées : On a cité : un pied de *Taraxacum officinale* réunissant quatre-vingt-deux feuilles et soixante-quatre hampes; de nombreux cas de *fascies*, soit simples (*Hieracium Pilosella*, *Tragopogon*, *Scorzonera*, *Barkhausia taraxacifolia*, *Picris hieracioides*, *Crepis virens*, *Lactuca sativa*, *Cichorium Intybus*, *Leontodon autumnalis*, *Centaurea Scabiosa*, *Carduus*, *Cirsium lanceolatum*, *Carlina vulgaris*, *Conyza*, *Senecio Jacobæa*, *Anthemis Cotula*, *Leucanthemum vulgare*, *Pyrethrum roseum*, *Callistephus chinensis*), soit avec dichotomie des tiges (*Crepis virens*, *Lactuca sativa*), soit avec torsion (*Zinnia*) ; la *partition* d'un des cotylédons du *Calendula officinalis* ; la *soudure* de deux feuilles soit latéralement, d'où l'apparence d'une feuille bipartite (*Senecio Doria*), soit par les nervures médianes de leurs faces inférieures (*Lactuca*); le *remplacement* des feuilles opposées par des verticilles ternaires (*Arnica montana*); la *soudure* ou partition de 2-3 capitules (*Sonchus*, *Taraxacum*, *Hieracium*, *Cichorium*, *Amberboa moschata*, *Dahlia*, *Anthemis retusa*, *Zinnia elegans*, *Helianthus multiflorus*, *Bellis perennis)*; une hampe de cette dernière espèce portant en outre d'un côté un axe transversal terminé par un pédoncule, de l'autre un pédoncule avec deux feuilles terminales opposées; la production, dans la hampe du *Taraxacum officinale*, d'un corps radiciforme descendant du capitule et formé des mêmes éléments que lui; des *chloranthies* (*Helminthia echioides*, *Leucanthemum Parthenium*, *Cirsium arvense* et *oleraceum*, *Centaurea serotina* et *Jacea*, avec disparition chez ces deux dernières espèces de l'appendice des bractées de l'involucre changées en petites feuilles); la *prolification latérale* (*Arnoseris pusilla*, *Carlina lanata*, *Anthemis fuscata*, *Bellis perennis*, *Rudbeckia purpurea*, *Calendula officinalis*, *Zinnia*), remarquable chez un *Zinnia elegans* où elle était générale à tous les capitules, l'une de ces prolifications portant un troisième capitule superposé, et les petits capitules sessiles à l'aisselle de chaque écaille du réceptacle ayant de petites fleurs atrophiées, à corolles laciniées, à anthères libres et stériles; la *frondiparité* (Souci, Camomille); divers cas de *prolification médiane*, savoir : un *Crepis biennis* dont les phoranthes émettaient, au lieu de fleurs, des ovaires prolongés en rameaux terminés par un involucre au sein duquel était un pétale ligulé et un nouveau rameau à capitule terminal; un *Tragopogon pratensis* dont chaque fleur était remplacée par un petit capitule pédicellé, muni d'un involucre et parfois même prolifère; un *Tragopogon orientalis* dont les capitules offraient, au lieu d'aigrette, un verticille de folioles lancéolées, les étamines et les anthères elles-mêmes étant parfois changées en feuilles vertes, en même temps qu'une nouvelle petite tête naissait de l'angle de séparation des stigmates qui commençaient à prendre l'apparence foliacée; un *Carduus crispus*, un *Artemisia campestris*, un *Erigeron canadensis* et un *Helminthia echioides* où chaque fleurette était remplacée par un petit capitule de feuilles et de paléoles subulées; un *Artemisia Tournefortiana*, dont les capitules portaient, au lieu de fleurs hermaphrodites, des fleurs femelles pédicellées; un *Centaurea Calcitrapa* ayant des feuilles lancéolées, les aiguillons de l'involucre égaux, les fleurs du rayon soudées entre elles et les étamines transformées en supports foliacés; la présence chez un *Leucanthemum vulgare* de fleurs femelles ligulées et solitaires à l'aisselle des feuilles supérieures et des folioles anthodiales; certains pieds de *Senecio vulgaris* ne portant (au Chili) que des fleurs femelles; la production 1° de fleurs simples chez un *Leucanthemum Parthenium* mis en serre, tandis qu'auparavant et à l'air libre ses fleurs étaient doubles; 2° au bord du capitule d'un *Crepis biennis*, de fleurs différant en forme et en grosseur de celles du disque; 3° sur des tiges raccourcies des *Lappa major* et *minor*, de capitules entourés comme d'un second involucre feuillé, avec avortement des fleurs, le tout simulant la transformation des fleurs en bractées et de celles-ci en feuilles; le *changement* des fleurettes de l'intérieur du capitule en feuilles (*Bellis perennis*), de l'aigrette en folioles (*Scorzonera*, *Senecio vulgaris ;* au nombre de cinq : *Podospermum laciniatum*, *Tragopogon pratensis*); ces folioles naissant même de divers points et formant des entrenœuds (*Tragopogon orientalis*); la transformation des étamines et des styles en petites feuilles vertes (*ibid.*), de plusieurs languettes du rayon en fleurons bilabiés (*Calliopsis tinctoria*)*;* la sortie de longs filets blancs du milieu du disque d'une Pâquerette; une fleur de *Zinnia violacea* à dix divisions pétaloïdes, dix étamines, dix stigmates et cinq embryons; la présence dans un capitule de *Spilanthes oleracea* de deux à trois fleurs à cinq styles et de plusieurs à 3-4 styles opposés aux pétales, l'ovaire renfermant deux ovules; la *disjonction* complète des styles, celle des sépales et des feuilles carpellaires pour laisser sortir du milieu d'eux un capitule en miniature (*Tragopogon pratensis*)*;* la *soudure* de deux filets staminaux avec la corolle (*Centaurea collina*)*;* la *déformation* des ovaires parfois avec accroissement énorme (*Crepis biennis*, *Tragopogon*, *Pyrethrum inodorum*, *Senecio vulgaris*)*;* une *diaphyse* d'*Hypochœris radicata*, où soit de deux verticilles d'écailles, l'un représentant l'aigrette et l'autre la corolle, soit de l'intérieur du tube de la corolle sortaient deux folioles vertes (carpelles) entourant un petit bourgeon (ovule transformé); chez un autre individu de la même espèce, du réceptacle et des aisselles des paillettes s'élevaient des pédoncules terminés par un verticille de cinq petites feuilles, et du milieu de celles-ci sortait un pédicelle terminé par une corolle tubuleuse, partite, portant cinq étamines; l'ovaire avait avorté. Enfin les monstruosités florales du genre *Hieracium* ont permis d'y distinguer : 1° une forme styloïde avec avortement de la corolle; 2° une forme tubuleuse, le tube de la corolle restant indivis; 3° une forme semi-tubuleuse; 4° une forme régulière, la corolle tubuleuse étant à cinq dents; 5° la forme labiée.

Dipsacées : La *torsion* des tiges tantôt compliquée de renflement au-dessous de la tête florale (*Dipsacus Fullonum*), tantôt accompagnée de la sortie, de l'aisselle des feuilles bractéales, de petits capitules (*D. pilosus*) ; la *partition* d'une feuillé de *D. Fullonum* par suite de la bifurcation de la nervure médiane ; la *soudure* de deux feuilles du même ayant passé de l'opposition à la juxtaposition ; le *déplacement* chez un *Scabiosa atropurpurea* des premières feuilles de tous les rameaux, situées l'une à côté de l'autre du côté extérieur, réunies à leur base par une bride, tandis que les rameaux axillaires, loin de sortir des aisselles de ces feuilles déviées, émanaient de la place qu'ils auraient occupée si cette déviation n'avait pas eu lieu ; la partition incomplète et avec aplatissement des capitules du *Dipsacus Fullonum*, coïncidant avec le passage des feuilles, au voisinage de l'inflorescence, de l'opposition à l'état verticillé ; la *gémination* des capitules des *Dipsacus* et du *Scabiosa atropurpurea* ; leur *frondiparité* chez les Scabieuses ; leur *floriparité* chez les mêmes, chez le *Knautia arvensis* et le *Dipsacus* ; une *antholyse* de *Dipsacus sylvestris* ; une *chloranthie* de *Scabiosa Columbaria*, et la production chez cette espèce, à l'aisselle de chaque feuille de la paire supérieure (à dix centimètres au-dessous du capitule), d'une fleur solitaire et sessile ; le *remplacement* chez le *Knautia arvensis* des quatre étamines par quatre pétales et des stigmates par des organes petaloïdes, chez le *Cephalaria caucasica* de trois fleurs par trois petites têtes nées de l'aisselle de trois bractées : Telles sont les anomalies des Dispacées.

Valérianées : La *fascie*, la *torsion* des tiges dans certains cas (Valériane), leur raccourcissement avec hypertrophie dans d'autres ; leur torsion avec aplatissement compliqué du verticillisme des feuilles (*Fedia Cornucopiæ*) ; la *chloranthie* de tout ou partie des fleurs de l'inflorescence des Valérianelles, compliquée soit du raccourcissement des pédicelles, les fleurs formant un capitule, soit de l'hypertrophie de certaines parties de la fleur (le calice surpassant de quatre à sept fois ses dimensions normales avec ou sans atrophie du pistil) ; la stérilité des fleurs du *Valerianella carinata* dont les bractées avaient pris un accroissement considérable ; la *transformation* chez les mêmes des parties du périanthe en feuilles, coïncidant avec un stigmate urcéolé et l'atrophie des étamines devenues celluleuses ; des fleurs de *Centranthus angustifolius* à ovaire très-court, à l'imbe calicinal foliacé, à corolle sans éperon et hémi-polypétale, deux des pétales étant libres ; des fleurs de *C. macrosiphon* où l'ovaire infère était remplacé par un pédoncule et l'aigrette par 9-12 petites feuilles vertes lancéolées, les étamines et le style étant normaux; des fleurs de *Centranthus ruber* à corolles divisées en deux jusqu'à la base et formant deux tubes dans l'un desquels était une étamine et dans l'autre un pistil : voilà le bilan tératologique de ce petit groupe.

CAPRIFOLIACÉES : On y a constaté chez le *Sambucus nigra* la *fascie*, la *torsion* des branches de droite à gauche avec passage de l'opposition des feuilles soit au verticillisme par 5, soit au type phyllotaxique 2/5, soit à la disposition sur une seule ligne droite, avec *transformation* des feuilles composées en feuilles simples, *augmentation* de nombre des parties des verticilles floraux portées à 7-9-11-13-17, distinction et séparation des feuilles carpellaires; la *trifoliation* chez les *Lonicera xylosteum* et *chinensis;* la fascie, la *soudure* de deux feuilles par les bords chez le *Lonicera Caprifolium;* tous les degrés de transformation du calice en corolle chez le *Linnæa borealis*; chez le *Lonicera Caprifolium* soit la *chloranthie* avec retour au type régulier, disjonction fréquente des pétales, transformation des étamines et des stigmates en pétales, soit l'*apétalie* accompagnée de l'avortement des étamines à filets plus courts que le style, divisé profondément en deux stigmates.

RUBIACÉES : *Dissociation* chez le *Galium Mollugo* des verticilles foliaires, coïncidant avec la *torsion* de la tige et consistant, tantôt en demi-verticilles superposés, tantôt en feuilles spiralées; *avortement* de l'axe terminal du Cafeyer ainsi que de l'une des deux feuilles opposées de la paire supérieure, l'axe se trouvant remplacé par une feuille enroulée en cornet; production chez cet arbuste, comme chez un *Ionidium*, de très-petites fleurs sans androcée, mais à ovaire normal et fertile.

CORNÉES : Double involucre chez le *Cornus suecica; hermaphrodisme* des fleurs de l'*Aucuba japonica* normalement dioïque.

OMBELLIFÈRES : On y a signalé la *soudure* de deux racines (carotte); le *développement* de nombreuses et longues racines dans les cavités fistuleuses de la tige de l'*Œnanthe crocata*, naissant des deux faces d'un même plancher nodal et se dirigeant en sens inverse; une *fascie* avec feuilles verticillées (*Buplevrum falcatum*); la soudure de trois segments en un seul corps ou en deux des feuilles radicales de l'*Archangelica officinalis;* des fleurs *frondipares* (*Heracleum, Œnanthe, Daucus*), et *floripares* (*Angelica Razulsii*, ciguë, berce, carotte, *Peucedanum Cervaria*, Fenouil, Angelique);

la *diaphyse* d'une ombelle chez le *Peucedanum Oreoselinum ;* la décomposition d'une inflorescence du *Carum Carri* en ombellules cimeuses; une carotte à rayons d'ombelle inégaux, décomposés irrégulièrement et la plupart changés en rameaux florifères; une autre carotte à ombellule centrale d'une couleur brune dans toutes ses parties ; un *Angelica sylvestris* qui, sur huit ombelles n'en avait qu'une de régulière, les autres ayant ou un involucre polyphylle ou quelques rayons portant des bractées sur leur milieu ou des ombellules prolifères; la *disjonction* des sépales coïncidant ordinairement avec l'état supère de l'ovaire (*Daucus Carota* et *maximus, Peucedanum Cervaria, Torilis Anthriscus*) ; la soudure des bractées et des sépales (*Caucalis leptophylla*) ; la *transformation* des pétales en sépales (carotte); des sépales de *Cakile maritima* devenus pennatilobés, et d'autres charnus sous l'action de l'*Uredo candida ;* les pétales d'un *Heracleum* devenus verts, en même temps que le fruit était transformé en deux folioles ovales lancéolées, anomalie constatée aussi dans le *Torilis Anthriscus* et le *Selinum Carrifolia ;* les carpelles de la carotte transformés en deux feuilles portant encore les stigmates, ou devenus bractéiformes et émettant de leur aisselle deux pédoncules, terminés chacun par une ombellule à 5-6 rayons avec involucelle ; la *bipartition* des pétales (*Orlaya grandiflora*) ; l'*avortement* du pistil déterminé par la stérilité du sol (*Torilis Anthriscus*) ; le *développement* d'un troisième carpelle au pistil; les parois de l'ovaire donnant naissance à un nouveau pistil (*Carum Carri*) ; la *transformation* de graines en folioles (carotte) ; la *monoïcité* du *Trinia vulgaris ;* la présence de sept *vittæ* sur l'un des carpelles et de cinq sur l'autre, chez le *Chærophyllum temulum ;* l'existence de deux graines dans un carpelle d'*Astrantia major* et dans un d'*Eryngium maritimum;* enfin, la germination des graines sur des tiges de carotte hautes de deux mètres.

Araliacées : L'*Aralia trifoliata* varie au point d'avoir des feuilles simples ou de formes diverses qui ont donné les *A. heteromorpha, Hookeri, Cunninghami, Cookii.*

Ampélidées : Des grappes de raisin de deux couleurs différentes; des ceps de vigne portant des grappes de deux sortes; des grains de raisin mi-partis quant à la coloration, ou remplacés par des capsules, portant sur leurs bords, soit des ovules, soit du tissu pollinifère; des grains charnus, mais formés de 5-6 carpelles unis en un seul corps, ou laissant sortir de leur sommet un grain plus petit avec une branche chargée d'une feuille, ou dépourvus de graines (raisins de Corinthe); la fleur elle-même tantôt avortant en même temps que le réceptacle s'est développé en rameau fascié chargé de bourgeons adventifs, tantôt passant à l'état de fleur double ou devenant avec une corolle normale diplostémone, les cinq étamines surnuméraires remplaçant les cinq glandes jaunes intérieures; l'existence de pétales soit libres et en roue, liée à celle d'étamines imparfaitement développées (*fleurs aralidouires*), soit soudés et imbriqués, mais dépassés par le style et accompagnés aussi d'étamines stériles (*coulards*); des fleurs diplostémones avec chloranthie des carpelles; la présence d'une feuille sur une vrille; la *soudure* d'une vrille avec la tige, la vrille devenant plus haut une autre tige chargée de vrilles et de feuilles; la soudure sur une vigne cultivée d'un axe primaire et d'un rameau manifestement né à une de ses aisselles, soudure réunissant des mérithalles très-différents de longueur, et telle qu'un même entre-nœud du rameau axillaire s'est uni à deux entre-nœuds successifs de l'axe primaire; la soudure de deux grappes florales de chasselas; *le remplacement* sur un rameau de vigne des bractéoles squameuses par de grandes feuilles de végétation; enfin la *cladomanie* qui fait de la vigne un arbrisseau buissonnant stérile.

Rhamnées : *Chloranthie de Rhamnus Frangula; atrophie* de quelques carpelles chez un *Evonymus; disposition spiralée* s'accusant aux feuilles des *Phylica.*

Célastrinées : Le *Celastrus scandens* a montré des bourgeons aux aisselles des parties de la fleur.

Térébinthacées : On a cité chez le *Rhus Cotinus* des feuilles laciniées comme celle des Ombellifères; chez le *Pistacia Lentiscus* mâle, un cas de géantisme par pléthore séveuse, lié à la multiplication des parties de la fleur, et un pied de la même espèce dont les fleurs mâles avaient un pistil ou un rudiment de pistil.

Légumineuses : Disparition des épines chez le *Robinia Pseudacacia* et chez un *Gleditschia ; Fascies* constatées chez *Robinia Pseudacacia, Cytisus Laburnum, Spartium junceum, Ulex europaeus, Sarothamnus scoparius, Trifolium resupinatum; fascie* avec *soudures* et *partition* de feuilles chez une lentille; développement foliacé des stipules; *augmentation* de nombre de folioles aux feuilles, s'élevant à 4, 5, 6, 7 chez des trèfles; cette augmentation coïncidant souvent chez le trèfle rampant avec une coloration pourpre; *transformation* d'une feuille paripennée en imparipennée (*Cassia*); soudure de quelques folioles (*Gleditschia*, haricot), jusqu'à réduire la feuille à une seule (*Robinia Pseudacacia*); *partition* d'une feuille du même; *déformation* cupulée des folioles (*Gleditschia*, *Caragana Chamlagu*); changement de forme des folioles ressemblant à des carpelles sous l'action de la piqûre d'un insecte (*Astragalus Cicer*); *hypertrophie* de la tige et des rameaux du pois commun, dont l'axe primaire, arrivé à un mètre de hauteur, se gonfle progressivement de bas en haut, jusqu'à égaler la grosseur du doigt, anomalie qui ne nuit en rien à la production des graines; remplacement des stipules d'un épi d'*Amorpha fruticosa* par des feuilles simples ou divisées. Une longue tige de *Galega orientalis* portait trois feuilles, éloignées l'une de l'autre, larges de 7 centimètres, presque en cœur, fortement veinées, semblables à celles des *Phaseolus*, et émettant de leur aisselle des rameaux à feuilles normales. Enfin, un échantillon de *Guldenstædtia monophylla* avait ses feuilles trifoliolées.

Quant aux anomalies florales, ce sont : la *fente* d'un capitule de *Trifolium pratense;* l'existence d'une fleur à l'extrémité de chaque ramification d'une épine de *Gleditschia:* des *prolifications* axillaires (*Melilotus leucantha*, *Medicago sativa*); une prolification de *Melilotus macrorhiza* à légume longuement exsert hors du calice, dépourvu d'ovules et accompagné d'un bourgeon; une fleur de *Medicago lupulina* à calice renfermant, au lieu de corolle et des autres organes, une production foliacée glabre ou velue en forme de gousse; une de *Lathyrus latifolius*, où l'avortement des pétales, de l'androcée et des graines coïncidait avec des sépales libres, et un ovaire foliacé; l'*avortement* de la carène (Haricot), de la carène et des ailes (Pois), de tous les pétales (*Melilotus officinalis*, *Medicago lupulina*); la corolle devenue charnue (*Vicia Cracca*); la transformation des ailes et de la carène en étamines (Haricot), celle des ovaires en feuilles (*Ononis antiquorum* et *hircina*, *Melilotus macrorhiza*, *Lathyrus latifolius*); le fruit allongé en griffe (*Medicago lupulina*); l'augmentation de nombre des carpelles (*Medicago*, *Cercis*, *Cassia*, *Mimosa*, *Anthyllis*, Pois, Haricot), tantôt libres, tantôt soudés (*Gleditschia triacanthos*, *Cæsalpinia digyna*, Haricot), ongniculés (*Medicago lupulina*, *Melilotus leucantha*), ou bien ouverts (*Lathyrus latifolius*, *Melilotus officinalis*, *Astragalus stellatus*); la production de fleurs doubles (*Coronilla*, *Lotus corniculatus*, *Anthyllis*, *Spartium*, *Medicago*, *Clitoria*, *Ulex*), se manifestant parfois lorsque la plante est dans sa plus grande vigueur, cessant dans la période décroissante, comme on l'a vu dans un pois, ou consistant, comme chez une fleur de *Lotus corniculatus*, à laquelle était réduite l'inflorescence, en un calice normal, avec cinq carènes l'une devant l'autre, huit ailes et trois étendards disposés de même, sept étamines ananthères et un pistil foliiforme; ou, comme le montrait une fleur de *Sarothamnus scoparius*, en deux carènes une devant chaque dent latérale de la lèvre inférieure du calice, avec 10-14 étamines; ou encore, comme chez une fleur dite terminale d'une grappe de *Cytisus Laburnum*, en une pélorie formée d'un calice régulier à quatre divisions, de six pétales, dont quatre en croix, les deux autres correspondant à la place de la carène; ou enfin, comme chez un *Lotus uliginosus*, en un calice régulier, une corolle où l'étendard était remplacé par deux feuilles collatérales provenant de la bipartition de ce pétale, onze étamines dont neuf soudées et deux libres, un pistil normal. Enfin, on a spécialement signalé dans les Légumineuses des soudures de fleurs, des chloranthies :

1° **Soudures** : Une fleur de *Robinia Pseudacacia*, semblant résulter de la soudure de trois fleurs, avait trois carpelles (deux côte à côte, le troisième séparé par les étamines), et de nombreuses étamines dont neuf soudées, un calice montrant plusieurs dentelures à son bord, et en partie soudé à l'étendard. Un même calice fendu (à neuf dents) de *Caragana grandiflora* renfermait deux fleurs monstrueuses, dont l'une avait, avec deux feuilles portant cinq étamines, un étendard agrandi subtrilobé ; il y manquait une aile. Une autre fleur, voisine, avait aussi le calice fendu et à huit dents, deux carènes, deux étendards, une seule aile, treize étamines ; une autre contenait deux fleurs opposées par les étendards, l'une monopétale, l'autre à une aile et à cinq étamines ; enfin, une quatrième renfermait deux fleurs monstrueuses sans pistil.

2° **Chloranthies** : étudiées surtout sur *Trifolium repens*, où les capitules se transforment tantôt en branches feuillées, tantôt en ombelles, tantôt en panicules ovoïdes, tantôt en un faisceau de feuilles dont les intérieures portent des ovules à leurs bords. On y a vu les fleurs réduites à des bractées imbriquées ayant à leur aisselle une fleur anormale, le tube du calice déchiré par la pression exercée par la corolle s'échappant partiellement par la fente; les dents du calice transformées chacune en une foliole longuement pétiolulée, ou bien tout le calice remplacé par des feuilles libres à 1-3-5 folioles; la corolle et les étamines moins altérées que les autres organes; la première, tendant à se régulariser, quelquefois réduite à l'étendard; les secondes, tendant à se dissocier, l'ovaire offrant soit trois carpelles avec un placenta central ou des placentas pariétaux, soit une foliole stipitée ouverte ou plus ou moins fermée, et alors, avec des ovules ou normaux, ou réduits à la primine ou à de petites feuilles dentées, soit une feuille longuement pétiolée, bistipulée, à trois ou cinq folioles, avec ou sans bourgeon axillaire, soit enfin deux feuilles carpellaires semblables à elle, entourant un axe terminé par un petit capitule Dans d'autres cas, le calice et le légume avaient pris un grand développement, la corolle et l'androcée étant à un état rudimentaire.

On a noté aussi, chez le *Galega officinalis*, tous les passages du fruit à la feuille pennée, le thécaphore ou pétiole commun, tantôt se dilatant pour constituer la cavité ovarienne en même temps que le style est formé par la foliole terminale (à défaut par la vrille ou le mucron), et que les ovules offrent tous les degrés entre l'état d'ovule et celui de feuille où le pétiolule représente le funicule, tantôt se convertissant en pétiole commun terminé par une foliole et tous les ovules étant devenus des folioles latérales articulées.

Amygdalées : Variation du type normal de la fleur, un amandier ayant offert de quatre à six sépales, autant de pétales et des étamines en rapport de nombre avec ces verticilles; *prolification floripare* du cerisier à fleurs doubles; *transformation* des étamines en pistils dans un pêcher, et des pistils en feuilles chez le cerisier et le merisier à fleurs doubles, ces feuilles ovariennes étant surmontées d'un filament (style) terminé par une petite tête (stigmate); *digynie* chez l'amandier, le cerisier et le prunier; polygynie chez *Prunus avium* et *P. domestica*, *Cerasus Caproniana* et *Amygdalus communis* (ce dernier à quatre carpelles libres); *soudure* à divers degrés de prunes de différentes variétés, de pêches, de cerises (quelquefois ces dernières étant unies au nombre de deux ou trois sur un seul support), de deux noyaux de prunes, de deux amandes; *déformation* fréquente, et parfois générale dans une même contrée, des *Prunus domestica, spinosa* et *Padus*, dont les fruits s'allongent à la façon de ceux des *Capsicum* et même sont vides à l'intérieur avec un vestige de noyau; *disjonction* des péricarpes restés foliacés du cerisier et du pêcher, et dans celui-ci *développement* pétaloïde du stigmate; *prolification* de l'embryon dans les amandes; *fascies* chez *Prunus sylvestris* et *Cerasus; division* de feuille de *Cerasus Laurocerasus*, où les deux nervures latérales avaient éprouvé une partition; développement de deux boutons à fleurs, puis de deux fruits, mais sans feuilles, dans une fente de l'épiderme d'un abricotier.

Rosacées : Au premier chef des anomalies de cette famille se place la *prolification* si souvent observée, décrite et figurée chez les Roses. On a vu deux fois à l'aisselle des pétales sur la coupe réceptaculaire soit 3-4 roses secondaires, soit un verticille de boutons floraux irrégulièrement conformés; on a vu une rose renfermant, outre ses carpelles disjoints les uns atrophiés, les autres hypertrophiés, sept petites roses, développées les unes à l'aisselle des étamines, les autres à l'aisselle des pistils; dans une rose Prince impérial, douze boutons s'étaient formés au cœur et soudés, ayant chacun un calice régulier, quelques pétales et pour pistils des styles plus nombreux qu'à l'ordinaire; dans la plupart des cas de prolifications, l'urcéole disparaît, les sépales sont transformés en feuilles, quelquefois au nombre de six, et le pédoncule, se continuant dans l'intérieur de la fleur qu'il traverse et qui est réduite aux pétales (parfois, comme dans un *Rosa maxima*, déjetés d'un seul côté) avec ou sans quelques étamines, tantôt reste à l'état de rameau soit simple et à plusieurs spirales de feuilles, soit divisé en ramuscules portant également des feuilles spiralées, tantôt offre de la base au sommet toutes les transitions des carpelles ordinaires à l'état de feuilles sous-florales, et à mesure que l'axe s'allonge, il naît à l'aisselle des carpelles une douzaine de boutons de rose disposés en épi; tantôt, enfin, ce pédoncule se termine par un bouton dont le stipe porte des lames colorées (prises pour des étamines déformées ou pour des pistils pétaloïdes); des roses thé avaient leur centre occupé par une rosette ou touffe de feuilles vertes lancéolées, pliées en deux (carpelles) et dont les extérieures se nuançaient avec les pétales, l'urcéole ayant disparu, et le calice étant resté normal; dans une rose de Bengale, sans urcéole, les feuilles calicinales avaient la gaîne si développée qu'en les redressant ces gaînes reproduisaient l'urcéole; et en même temps l'axe central portait des feuilles atténuées dans sa partie inférieure, pétaliques au-dessus; du milieu d'une rose à cent feuilles en partait une seconde, de celle-ci une troisième laquelle donnait naissance à une tige feuillée; de même chez le *Rosa gallica* on voit parfois sortir quatre ou cinq boutons l'un de l'autre au-dessus de la première fleur; d'autres fois sur le pédoncule aplati de cette espèce sont des bractées foliacées disposées par étages; du centre d'une fleur à cinq sépales et à vingt pétales de *Rosa damascena*, naissait un pédoncule portant d'abord une bractée demi-pétaloïde, puis une foliacée et terminé par un bouton normal. On a cité un rosier dont une tige carrée se terminait par deux boutons opposés entre lesquels s'interposait une lame pétaloïde (pistil transformé en pétale); une rose officinale dont le calice normal était suivi de cinq pétales écailleux verdâtres, où trois séries d'étamines étaient changées en pétales, les intérieures ressemblant à des pétales onguiculés et adhérents en cloche, et où les carpelles sépaliformes émettaient de leur aisselle des boutons de rose; un *Rosa benghalensis* dont les carpelles n'étaient pas renfermés dans une dilatation de l'axe; une rose remontante à inflorescence indéfinie et dont le jet de l'année, au lieu de se terminer par une fleur, poursuivait son développement en donnant naissance, à l'aisselle de six à sept feuilles, à autant de fleurs à pédoncule nu; un rameau indéterminé de l'année de *Rubus tomentosus* produisant des grappes axillaires dont les fleurs avaient les sépales changés en feuilles. On a signalé en outre dans cette famille des prolifications chez des *Rubus*, des *Geum*, des *Agrimonia*; des *chloranthies* de *Potentilla argentea* et de *Rosa indica*, dans ce dernier les pétales et une partie des étamines se trouvant transformés en bractées lancéolées, dentées vers le haut; un *Geum rivale* où un axe secondaire, simple et presque nu, se terminait par une fleur diaphysée à sépales transformés en feuilles avec pétales et étamines virescents; une chloranthie de *Geum coccineum* avec ou sans déformation cucullée des carpelles et quelquefois avec remplacement de tous les organes intérieurs au calice par un faisceau de feuilles; une virescence de *Rubus hirtus* avec persistance des pétales, et métamorphose des drupéoles en follicules cylindriques, velus; la *transformation* chez un *Spiræa* des sépales en feuilles denticulées et pétiolées, et de tous les carpelles en une sorte de renflement stipité surmonté, au lieu de style, par un prolongement de l'axe que terminent deux courtes folioles et deux rudiments de bourgeons; chez un *Potentilla nepalensis* de tout l'appareil floral soit en une rosette de feuilles, soit en branches, soit en un long réceptacle couvert de carpelles transformés partiellement en feuilles de l'aisselle desquelles sortaient quelques fleurs, tandis que d'autres fleurs de cette même espèce offraient les pièces des trois verticilles extérieurs à l'état foliacé, les pistils étant peu modifiés. Dans le *Fragaria vesca* à fleurs doubles on compte de quinze à quarante pétales, les intérieurs plus petits et de forme différente semblant prendre la place des étamines qui ne sont plus qu'au nombre de cinq à dix; en même temps plusieurs pistils disparaissent, et souvent de l'aisselle des pétales et du pourtour des pistils on voit sortir d'autres fleurs sessiles ou pédonculées dont les fruits avortent. Il faut noter encore : l'*apétalie* (*Rosa cen-*

tifolia); la *réduction* dans le nombre des étamines (variant de cinq à dix dans l'Aigremoine), et dans celui des pistils (ramenés à un seul chez une ronce); la séparation des appareils mâles et femelles (*Geum*); la *multiplication* d'organes floraux, consistant soit en deux verticilles calicinaux (*Rubus idæus*, *Spiræa Ulmaria*), soit dans l'addition de trois sépales soudés, par un de leurs bords chacun avec un pétale (Rose à cent feuilles), soit dans la disposition des pétales en 5 séries rayonnantes (Rose multiflore double), soit dans la substitution du type septenaire au quinaire au calice et à la corolle avec dédoublement d'un pétale (*Geum coccineum*); des Ronces portant des fleurs doubles à l'état sauvage; le *Rosa centifolia caryophyllea* double ayant de petits pétales, roulés, chiffonnés, échancrés au sommet; la *transformation* soit de l'androcée soit des trois verticilles floraux intérieurs en un ou plusieurs organes glanduleux (Rose), et celle des carpelles en vraies feuilles (Rose), ces feuilles portant même l'ovule à leur bord (Rose verte); enfin l'*inégalité* des pétales (*Rosa alpina*) et leur *découpure* (*Rubus arcticus*).

Les anomalies des organes de nutrition comprennent : une *fascie* de racine de *Spiræa sorbifolia* et des tiges de Fraisier et de Rosier bengale; une déviation dans la position des feuilles sur une branche de *Rosa canina* offrant la série phyllotaxique 1/3, puis des feuilles insérées par deux à la même hauteur, puis la division de la branche en deux rameaux sur lesquels se continuaient les deux spirales hétérodromes, tandis qu'un *Rosa alba* a pris des feuilles opposées avec des folioles découpées (*R. cannabinifolia*); la *décomposition* des feuilles du *Rosa centifolia bipinnata* (dit à feuilles de céleri); le *dédoublement* de la foliole terminale d'une feuille de Rosier avec partition des folioles latérales, sorte de tendance à la feuille bipinnée; l'addition de deux folioles aux feuilles d'un *Fragaria collina*, de petites folioles surnuméraires près de la base des pétiolules des folioles d'un *Rosa canina*, et de petits organes foliacés dans le sinus des feuilles de l'*Alchemilla minima*; la perte des aiguillons par un Rosier normalement hérissé de piquants, par un *Rubus fruticosus*; la production de poils glanduleux sur toutes les parties de la variété de rosier à cent feuilles appelée Mousseuse Zoé ou Mousseuse partout.

Pomacées : Des soudures, des prolifications, des avortements et quelques métamorphoses, c'est à quoi se réduisent les anomalies de cette famille. On y a signalé le *dédoublement* d'un pétale chez l'*Aronia densiflora*; la *transformation* chez un Pommier des pétales en sépales, et chez un *Malus apetala* de toutes les étamines en pistils ; le retour des fleurs doubles aux fleurs simples chez une Aubépine qui avait conservé ses feuilles durant l'automne et l'hiver ; l'*avortement* des étamines dans le *Pyrus dioica ;* la répétition et du calice et de la corolle chez une fleur de Néflier; la formation de 2-3-4 corolles sur une fleur de Poirier; l'existence de deux rangs de carpelles sans étamines chez un Pommier, la Pomme-figue, etc. ; la *soudure* de poires avec des feuilles collées sur elles, mais se détachant à l'état de maturité, en laissant leur impression à la surface des fruits ; la soudure (ou partition incomplète) de 2 poires (*Poire à 2 têtes*), de 2 pommes soit par les côtés, soit base à base, les deux yeux étant à l'opposite l'un de l'autre ; celle de 3 pommes soutenues par un seul pédoncule, celle de 4 à 5 nèfles d'une part, de 4 à 5 coings de l'autre, ces fruits composés étant couronnés par les feuilles calicinales, souvent plus développées qu'à l'état normal ; des pommes et des poires fœtifères ; divers fruits de *Cratægus*, de *Mespilus*, de Nèfliers, de Poiriers et autres Pomacées offrant de prétendues bractées (*soussépales*) à leur surface; des poires frondipares, floripares, fructipares, parfois en même temps frondipares et fructipares, les sépales et les pétales étant devenus foliacés. Sur un espalier de Poirier-Cressane et sur un Poirier de variété indéterminée, la plupart des fruits offraient une année cette tendance à la prolification, et quelques-uns avaient une dilatation du pédoncule à la base du fruit qu'elle embrassait. On cite une Poire cuisse-madame divisée en 2 parties par un étranglement où naissaient les sépales, la partie supérieure étant irrégulière, bosselée, terminée par un œil ; une poire émettant de son sommet un rameau muni de 3 feuilles et terminé par un fruit un peu moindre, duquel partait un pédoncule terminé par une fleur avortée ; une autre poire de l'œil de laquelle sortaient 2-3 poires, l'axe de chacune de celles-ci pouvant être considéré comme émanant de l'aisselle de l'une des pièces florales de la première ; un fruit de beurré Clairjeau, provenant d'un écusson à œil dormant, offrant au sommet 5 verticilles de feuilles, un rudiment de seconde poire, d'où s'élevait un long rameau feuillé ; un réceptacle de Pommier émettant 5 axes, l'un devenant rameau, l'autre fleur double, tandis que les 3 autres se terminaient par une touffe de feuilles ; une pomme dont la columelle était creuse dans toute sa longueur, communiquant par 5 ouvertures avec les loges qui l'entouraient, et renfermant dans sa base ventrue un pepin conique, renflé en haut, cunéiforme en bas et à 5 côtes séparées par de profonds sillons. On a vu les *bourses* des Poiriers, qui donnent ordinairement naissance à des bouquets de fleurs, se transformer directement en poires (dépourvues, il est vrai, de loges et de pepins), sans que le développement de ces fruits eut été provoqué par la présence d'une fleur. Dans les Poires dites *sans pepins* et *Zonder-Zieltjes*, le cœur se confond complétement avec la chair, en même temps que les graines avortent. Ajoutons des prolifications frondipares sur un rameau de Bon-Chrétien; des poires très-allongées portant à leur surface des soussépales à disposition quinconciale comme celle des rameaux; un coing à fruit pyriforme et prolifère; un coing accompagné de 5 feuilles bractéales à l'extrémité renflée du pédicelle, et dont les 5 sépales foliacés correspondaient à 5 renflements ou à 5 côtes du fruit; 3 poires superposées séparées par des sépales foliacés, dont quelques-unes avaient, comme les feuilles, de longs pétioles; la soudure des deux cotylédons par un bord chez un *Cratægus* (prob[t] *C. punctata*).

Enfin un *Cratægus monogyna* a montré, aux aisselles des feuilles, des amas d'épines rayonnant en tous sens, et l'on a désigné sous le nom d'*horrida* une variété de *Cratægus Oxyacantha* toute hérissée d'épines.

Granatées : *Fascie* d'un Grenadier; *soudure* de deux feuilles (*Id*).

Myrtacées : On a vu chez le Myrte commun : 1° une *fascie*; 2° une branche à feuilles ternées, les rameaux nés à l'aisselle de ces feuilles ayant les leurs opposées; 3° une feuille bipartite par division de la nervure médiane; 4° la transformation des étamines en carpelles. Les pistils d'un *Bæckea diosmifolia* étaient, les uns uniloculaires, émettant des étamines de leur paroi interne; les autres pluriloculaires, et les étamines s'y montraient avec la même origine, ne naissant pas du placenta.

Mélastomacées : Un fruit de Mélastomacée cultivée était fendu sur le côté; un *Miconia* avait des *ascidies;* un *Heterocentron macrodon* de très-petites feuilles dressées naissant de la nervure supérieure de la feuille, semblables, quant à la forme, à la normale.

Œnothérées : Rameau de Fuchsia offrant le passage des feuilles de l'opposition à l'alternance, et portant à la fois des feuilles alternes, opposées et verticillées; Fuchsia à feuilles cuculliformes. L'augmentation numérique des parties florales est fréquente dans cette famille : on voit des fleurs d'*Œnothera* à type quinaire ou sénaire; un *Fuchsia coccinea* avait tous ses verticilles à 5 parties, un autre à 3, un autre sur un même pied des fleurs à 4-5-6 pièces à chaque verticille ; d'autres étaient soit à 6 sépales, 6 pétales, 11 étamines, soit à 7 sépales, 7 pétales, 14 étamines (dont 13 libres et une adnée à 1 pétale), avec 1 seul style, soit à type quinaire, la moitié du calice et de l'ovaire ayant pris une couleur verdâtre, soit à fleurs très-doubles, mais ayant cependant encore les 8 étamines, soit à pétales staminoïdes, ou bien soudés avec les étamines situées vis-à-vis d'eux, en même temps que les pétales prenaient la forme de capuchon. Une fleur de Fuchsia dit scaramouche avait ses 4 pétales sous forme de 4 grands capuchons au sommet de 4 étamines, et enveloppant les anthères ; chez un autre, immédiatement au-dessus du point d'union de l'ovaire et du tube calicinal, se détachait une feuille vert-jaunâtre portant à son aisselle une étamine normale ; le calice était à 7 lanières, avec 2 pétales, 7 étamines ; sur un autre, un des pédoncules portait au-dessous de l'ovaire une feuille, un des sépales était vert foliiforme, et il y avait 9 étamines, dont une offrait des deux côtés de l'anthère un élargissement corollin ; sur un autre, deux extrémités de filets montraient au-dessous de l'anthère un petit pétale ; enfin, on a vu les sépales d'un Fuchsia remplacés par des feuilles semblables aux caulinaires, et accompagnées de stipules. — Fleur de *Lopezia* à 3 grands pétales élargis et un seul aminci, avec une seule glande.

HALORAGÉES : *Transformation* en spirales des verticilles de feuilles chez l'*Hippuris vulgaris*.

CUCURBITACÉES : Les diverses interprétations morphologiques auxquelles s'est prêtée la fleur de cette famille donnent un intérêt particulier à ses déviations. On a cité des fleurs d'*Ecbalium Elaterium*, de Melon et de *Cucurbita Melopepo* hermaphrodites ; la *transformation* soit en feuilles, dont la nervure médiane se prolongeait en vrilles, des sépales d'un Melon, soit en feuille de la moitié d'une étamine de *Lagenaria*, soit en vrille d'un sépale de *Cucurbita Pepo*, et d'un ou de plusieurs sépales du Melon dit *Sucrin blanc ;* un fruit de Concombre courbé sur lui-même, émettant de sa surface concave une feuille dont le long pétiole était continu à la suture dorsale d'un des carpelles ; un fruit de Courge ovoïde présentant un phénomène semblable ; un fait de transformation des étamines en pistils chez le *Cucurbita Pepo;* une Courge qui, avec un ovaire normal, montrait entre la corolle et le stigmate deux corps allongés, verts, analogues à des feuilles enroulées sur la surface desquelles étaient des ovules ; des *soudures* de fruits de Concombres (ou d'un pédoncule et d'un fruit), Courges, Melons (dans un cas trois fruits de Melon étant réunis en un seul); la soudure d'une des étamines avec le lobe de la corolle correspondant chez le *Benincasa sinensis ;* l'existence de quatre filets staminaux chez un *Cucurbita perennis*, de quatre carpelles au fruit d'une Courge, et du type 4 à tous les verticilles d'une autre; la soudure en 2 faisceaux des 4 étamines d'une fleur tétramère de *Cucurbita Pepo.* On a vu trois fois 2 carpelles surnuméraires chez un *C. Pepo*, et l'organogénie révèle la présence originelle de 5 carpelles dans cette famille; on y a vu aussi une rétroversion des carpelles telle que leur dos regardait le centre de la fleur; 5 petites Courges du volume d'un œuf pédonculées sortant en faisceau de l'œil d'une grosse Courge ; des Melons fœtifères et la germination des graines contenues dans le péricarpe; des *fascies* de Potiron et de Melon et la présence d'une feuille sur une vrille de *Bryonia dioica.*

Chez le Patisson, la feuille s'est montrée cirrhifère à tous les degrés, tantôt dominant la vrille, qui n'était représentée que par un court prolongement de la nervure médiane, tantôt réduite à un simple rudiment de limbe situé sur un des côtés de la vrille. Chez la Coloquinte pomme hâtive, les deux moitiés de la feuille s'écartaient, en même temps que sa nervure médiane et une des latérales se transformaient en vrilles ; là aussi on voyait le limbe disparaître graduellement. Enfin, chez l'*Ecbalium Elaterium*, à côté du pédoncule femelle, naissait un appendice cirrhiforme terminé par une foliole lancéolée, et résultant du développement insuffisant d'une inflorescence mâle.

Bégoniacées : *Begonia coccinea* ayant à l'ovaire 4 à 5 loges, au lieu de 3 ; tous les degrés de *transformation* des étamines en pistils chez un *Begonia*, savoir : fleurs régulières avec 4 carpelles supères plus ou moins unis et autant d'étamines hypogynes opposées aux sépales; *développement* de plus de 60 bourgeons adventifs à la surface de la feuille et entre les nervures du *Begonia geranioides ;* feuille du Bégonia mine d'argent en forme de cornet ; un Bégonia hybride ayant au sommet du pétiole 2 limbes appliqués par leur face inférieure, soudés à la base, l'un un peu plus grand que l'autre.

Passsiflorées : Filaments extérieurs de la couronne d'une Passiflore semblables aux anthères des Mélastomes, les intérieurs anthérifères ; fruits d'une autre espèce fœtifère; pistil du *Passiflora serratistipula* renfermant une fleur complète, sauf l'involucre et une des enveloppes, en même temps que deux des étamines étaient devenues, l'une pétaloïde, l'autre semi-pétaloïde ; pistil d'un *P. gracilis* en renfermant soit un autre pédicellé normal, soit trois; pistil des *P. cærulea* et *palmata* ouvert, libre et portant à ses bords des corps anthériformes, en même temps qu'on pouvait y suivre tous les degrés de métamorphose de certains ovules en sacs polliniques.

Ribésiacées : Un *Ribes rubrum* offrait dans la même grappe des fleurs de diverses formes : les inférieures avaient toutes leurs parties multipliées, mais avec absence de pistil ; les supérieures manquaient d'étamines et le nombre des pistils était augmenté ; dans certaines fleurs, les pétales étaient semblables aux sépales ; dans d'autres, les étamines multipliées passaient aux pistils. On a cité la présence de petites bractées sur le péricarpe et la soudure à divers degrés de deux fruits de *Ribes Grossularia*, ainsi que l'absence d'épines chez cette espèce.

Cactées : On cultive soit une monstruosité du *Cereus eburneus*, et surtout le *C. peruvianus monstrosus*, où la tige reste courte et déprimée, des tubercules soudés ensemble y remplaçant les côtes verticales régulières ; soit les *fascies* en éventail de l'*Echinopsis multiplex* var. *cristata*. Le *Phyllocactus Hookeri* a montré dans une fleur la plupart des pétales terminés par un stigmate inséré latéralement à la pointe de chacun d'eux, le reste étant normal.

Mais les anomalies les plus fréquentes dans cette famille consistent en *prolifications :* tantôt le fruit se transforme en plante parfaite (*Echinocactus Cachetianus*), tantôt (*Pereskia*, *Opuntia Salmiana, amyclæa, italica, vulgaris*) du sein des faisceaux de laine et d'épines qui garnissent le fruit mûr, tout autour du sommet, on a vu surgir des rameaux ; un fruit bien conformé est sorti de la cicatrice d'un *Opuntia Ficus-indica* vigoureux, et chez un *Cereus serpentinus*, l'axe primaire, après avoir émis des fleurs latérales, transformait son sommet en une fleur, le cylindre ligneux de cet axe se creusant en cavité ovarienne, dont les parois émettaient directement les ovules sans intervention de feuilles carpellaires. Dans un *Opuntia Salmiana*, les fruits primordiaux, devenus rouges et mûrs, enfantaient de nouvelles fleurs, de nouveaux rameaux ; tous les ovaires d'un *Echinocactus recurvus* et d'un *E. longihamatus*, après avoir porté des fleurs normales, se métamorphosaient en jeunes pousses qui, séparées, formaient de beaux individus ; un *Opuntia monacantha* montrait de 2 à 5 ovaires petits et verts, étagés les uns sur les autres (avec quelques latéraux) et poussant de nouveaux rameaux. Chez le *Pereskia Bleo*, le fruit a paru se répéter trois ou quatre fois en formant des espèces de grappes pendantes. Enfin, un *Opuntia*, commun dans les jardins du Chili, à feuilles persistantes et à floraison presque inconnue (*O. Sejethi*), offrait dans sa cavité ovarienne un second style avec ses stigmates, et sur ses parois des anthères , au lieu d'ovules.

Ficoïdes : Des aisselles de quelques lobes du calice du *Tetragonia expansa*, on a vu naître, pendant la maturation, des fleurs bien conformées.

Crassulacées : Leurs anomalies sont : une *fascie* de *Sedum rupestre*, une de *Sempervivum montanum*, du sommet de laquelle partait un faisceau de 15 rameaux floraux verticillés autour de 2 autres ; le développement de bulbilles sur les feuilles du *Kalanchoe pinnata ;* un cas d'inflorescence vivipare de *Sempervivum arachnoideum*, et un autre cas où l'un des pédoncules d'un *Andromiscus clavifolius* , au lieu de se sécher (cas habituel) , a continué à végéter, a grossi et développé au sommet un jeune rameau ; la réduction du nombre des étamines chez le *Sedum villosum* , où de 10 (chiffre normal) il descend parfois à 5 ou à 6 ; la *transformation* des étamines en carpelles, avec tous les passages entre ces deux organes chez les *Sempervivum*.

Saxifragées : *Fascies* des *Saxifraga irrigua* et *mutata ; chloranthie* du *S. foliosa ; apétalie* du *S. longifolia ; remplacement* des 5 pétales par 5 étamines dans le *S. granulata ; soudure* de deux fleurs du *S. ligulata*, offrant le calice un peu aplati et à 10 lobes , alternes avec 10 pétales, 17 étamines par suite de l'avortement de trois d'entre elles , 5 pistils dont 3 dans une moitié de la coupe réceptaculaire et 2 dans l'autre ; soudure ou plutôt défaut de séparation de 2-3 fleurs du *Saxifraga umbrosa* (30 filets, 12 carpelles, tige cannelée, raccourcissement de la hampe, panicule presque globuleuse) ; organes en nombre double aux fleurs terminales d'une saxifrage ; *dédoublement* d'un pétale chez le *S. ascendens* ; *métamorphose* chez le *S. decipiens* des étamines opposées aux sépales en pétales , les intérieures restant normales, ou bien, dans un degré plus avancé, de celles-ci en pétales ou feuilles simples, tandis que les premières prennent la forme de feuilles trifides. Dans un *S. Geum*, dont les 3 verticilles extérieurs étaient normaux, se trouvait entre les étamines et le pistil, sur les bords d'une sorte de coupe, une rangée de carpelles tournant le dos à l'axe de la fleur et chargés de nombreux ovules marginaux.

Philadelphées : Une fleur de *Philadelphus coronarius* a montré quatre sépales libres et pétiolés, le pistil étant supère; d'autres fleurs également superovariées de la même espèce n'avaient que 2 pétales, 2 étamines; on en a cité à 8 pétales dont 4 provenaient de la transformation des étamines. Le *P. speciosus* a été vu portant sur le tube réceptaculaire soit 2 bractées tantôt libres, tantôt soudées avec ce tube, mais libres au-dessus de lui d'où l'apparence d'un calice à 6 pièces, soit 3 bractées (dont 2 soudées entre elles) et 3 fleurs à leur aisselle, dont une à 5 sépales, 5 pétales et l'un des 3 styles émettant vers le milieu de sa longueur un lobe d'anthère; à l'aisselle de deux des sépales opposés d'une autre fleur étaient 2 boutons floraux, et un de ces sépales avait à ses bords une loge pollinifère; au centre d'une fleur simple de la même espèce se trouvait une autre fleur renfermée en partie dans l'ovaire dont les placentas n'en étaient pas moins chargés d'ovules probablement féconds, les étamines paraissant normales. Une fleur de *P. coronarius* n'avait que 3 sépales, la place du 4e étant occupée par une fleur complète recouverte d'une bractée lancéolée; une de *P. grandiflorus* offrait le type quinaire à tous ses verticilles; enfin, sur un rameau de Syringa une des paires de feuilles était représentée par un seul limbe trifide et à 3 nervures primaires, le nœud supérieur n'avait aussi qu'une feuille opposée, et à un quart de circonférence s'en trouvait une autre bifide. On cultive le *Deutzia gracilis flore pleno*.

Aurantiacées : Elles ont montré la *soudure* de deux feuilles par les nervures médianes des faces supérieures; la *partition* d'une feuille chez l'Oranger; la *réduction* des étamines de 6 à 5 dans le *Triphasia*, en même temps qu'un pétale devenait plus grand que les autres et voûté; une fleur d'oranger aux 3 verticilles extérieurs normaux, mais où la place des étamines était occupée par plusieurs rangs alternatifs d'étamines et de carpelles; la soudure de 3 ou 4 oranges, la *disjonction* des carpelles à divers degrés, (Limonier à fruit digité), quelquefois 8 d'entre eux étant distincts, l'état *fœtifère* produisant les oranges dites *enceintes*, un citron renfermé dans un autre. Ces développements monstrueux, tels que les *Aurantium fœtiferum, corniculatum, digitatum* sont souvent liés à la duplicature des fleurs. Une orange avait un liséré de limonier. L'oranger bizarrerie a ses branches couvertes de feuilles, fleurs et fruits de cédrat, changeant de nature et portant feuilles, fleurs et fruits de bigaradier, ou se couvrant alternativement de ces différentes productions; souvent un fruit est cédrat d'un côté, bigarade ou orange de l'autre; on en voit de divisés en quatre portions alternativement de bigarade et de cédrat; enfin, la base persistante des étamines émet divers prolongements vers l'attache de la bigarade cornue, et de plus l'insertion est intra-nectarienne.

Méliacées : *Fascie* du *Melia Azedarach* où 8 jeunes rameaux s'étaient tordus en spirale dans le même sens; stérilité des fleurs de l'*Ekebergia capensis* (en serre), par l'avortement des ovules, de presque toutes les loges, et du pollen, en même temps que les filets staminaux étaient devenus libres, subulés, que le disque était membraneux et que toutes les parties se montraient glabres.

Malpighiacées : On y a signalé : 1° la *duplicature* des fleurs de l'*Heteropteris chrysophylla*, offrant un double verticille de petites feuilles semblables aux folioles calicinales (quelques-unes même développées en feuilles), la métamorphose en pétales de 4-5 étamines d'un même côté, 6 ovaires dont quelques-uns ouverts avec des ovules stériles, la tendance des parties florales à perdre la disposition quinaire et à se montrer opposées deux par deux. 2° La *prolification* des *Byrsonima intermedia*, *crassifolia*, *sericea*, etc., où l'axe central, après avoir produit les 3 verticilles extérieurs avec perte de glandes au calice, avortement ou transformation de quelques étamines en pétales, s'allongeait, se ramifiait, des boutons naissant à l'aisselle d'écailles bractéales dont il était couvert, semblables aux trois (ovaires avortés) qui l'entouraient à sa base.

Acérinées : On a plusieurs fois observé l'*augmentation* de nombre ou la partition profonde des cotylédons de l'Erable sycomore, paraissant ternés ou quaternés, les feuilles qui leur succèdent immédiatement étant parfois aussi verticillées ternées; la présence de 3 carpelles au lieu de 2 chez l'*Acer platanoides*, et de 4 chez l'*A. Pseudoplatanus*; la *transformation* chez un *Acer platanoides laciniosum* des deux carpelles en feuilles, surmontées chacune, au lieu d'un style, d'une touffe de lanières filamenteuses et portant des rudiments d'ovules sur leurs bords.

Hippocastanées : Le Marronnier d'Inde a offert 2 feuilles pinnatifides, la soudure de 2 graines, les ombilics et les embryons restant distincts.

Sapindacées : *Fascies* de *Dodonæa viscosa*.

Mélianthées : 1° *Melianthus comosus* : rétablissement de la symétrie florale, 5 pétales, 5 et quelquefois 6 étamines, la supplémentaire provenant du dédoublement parallèle d'un pétale ; 2° *M. major* : sommet de l'axe floral terminé par une touffe d'anthères, les unes parfaites, les autres monstrueuses entourées par une bractée (le calice, la corolle, le pédoncule et le réceptacle s'atrophiant peu à peu) et provenant elles-mêmes de la transformation de bractées.

POLYGALÉES : Le pistil du *Polygala vulgaris*, normalement à deux carpelles, était dans un cas réduit à un seul.

HYPÉRICINÉES : On a cité la transformation d'une partie des étamines en organes glanduleux chez le Millepertuis commun.

TILIACÉES : Anomalies de Tilleuls : branches tordues ; une feuille peltée par soudure de ses deux oreillettes ; une feuille en coupe ; des feuilles surnuméraires.

STERCULIACÉES : *Fascie* de *Sterculia platanifolia* ; prolongement d'une feuille carpellaire du même en un organe foliacé avec les ovules attachés à son bord vers le bas.

MALVACÉES : Peu d'anomalies ; une *fascie* d'*Althæa rosea ;* les stipulium (calicules) quelquefois doubles; les étamines disjointes dans les fleurs qui commencent à doubler; les stigmates devenus pétaloïdes chez l'*Hibiscus Rosa-sinensis* et dans l'*Althæa rosea;* une *soudure* ou *partition* de deux fleurs du *Malope trifida* comprenant un stipulium à 6 pièces, un calice et une corolle à 12 pièces et une double colonne stamino-pistillaire ; un fruit *prolifère* du *Paritium tiliaceum* dont les capsules (à 5 valves) renfermaient une autre capsule plus petite à graines avortées ; enfin, un pédoncule d'*Abutilon venosum* émettant à son articulation deux pédicelles uniflores au lieu d'un seul.

GÉRANIACÉES : *Développement* d'un double calice (*Erodium alpinum*, *Geranium Robertianum*) ; *soudure* des sépales et des pétales (*G. nodosum*) ; *disjonction* des carpelles ayant pris l'apparence de ceux d'un *Sedum* et même l'un d'eux devenant foliiforme (*G. columbinum*) ; *régularisation* d'une fleur de *Pelargonium*, sans éperon, à pétales égaux et concolores, à 10 étamines fertiles dont 5 plus petites ; *duplicature* des fleurs du *P. zonale* et intensité de teintes des zones des feuilles chez le même ; *fusion* de deux fleurs de *Geranium pusillum* en une seule, formée de verticilles à huit parties, à l'exception du gynécée, représenté par 2 pistils distincts jusqu'à la base, déjetés en sens contraire l'un de l'autre et à cinq loges dont la supérieure seule fertile. Enfin, dans quelques *chlo-*

ranthies de *Pelargonium* il y avait absence d'éperon, sépales libres et spatuliformes, pétales simulant des feuilles peltées et à long pétiole, anthères à 4 loges rudimentaires, ovaire allongé en mas sue, celle-ci formée par le limbe, la base étroite provenant de la soudure de 3 pétioles, ovules transformés en 3 feuilles peltées à long pétiole.

BALSAMINÉES : Parfois la corolle de l'*Impatiens Noli-tangere* avorte par défaut d'eau. On a vu des Balsamines, qui auraient dû produire des fleurs doubles, n'en donner que de simples tant qu'on les laissa pressées dans les terrines de semis, mais en porter de doubles en abondance dès que ces mêmes pieds furent placés dans des conditions plus favorables.

TROPÆOLÉES : *Fascie*, *prolification axillaire* et *chloranthie* chez *Tropæolum majus*, dont une fleur avait le calice sans éperon, 5 pétales longuement onguiculés ou pétiolés, et le pistil élevé sur un long pédicule; une autre les 3 pétales inférieurs et les 3 carpelles tout à fait changés en feuilles, ces derniers étant soudés par les pétioles, tandis que les étamines et le style étaient intacts. Point d'éperon à une fleur de *Tropæolum tricolorum*; 3 éperons sur une autre de *T. Moritzianum*; 4 carpelles à des fleurs de *T. majus*.

LINÉES : *Fascie* de *Linum usitatissimum*; *Radiola linoides* à fleurs doubles.

OXALIDÉES : *Apétalie* de l'*Oxalis Acetosella*; fleur d'*Oxalis fabacea* à 2 éperons.

RUTACÉES : On a constaté chez le *Dictamnus albus*, la *virescence*, de *prolifications* médianes et axillaires, la *pélorie* de la fleur en apparence terminale, la *transformation* des pétales en sépales, celle des carpelles soit en feuilles soit en étamines, celle des ovules en feuilles; le *remplacement* dans la fleur de cette espèce du type quinaire par le quaternaire, et chez le *Ruta graveolens* du type quinaire par des verticilles à 7 pièces; la *soudure* chez le *Peganum Harmala* de 2 étamines dans leur moitié inférieure; la *disjonction* chez un *Correa* des sépales et des pétales; enfin chez un *Ptelea trifoliata* et un *Cneorum tricoccum* l'*adjonction* d'un carpelle au pistil.

BERBÉRIDÉES : Une innovation de l'année du *Berberis vulgaris* offrait des feuilles dont le limbe ovale-orbiculaire était articulé à sa base avec le pétiole, accompagné de 2 stipules, et sans fascicules de feuilles axillaires ; les feuilles terminales de ce rameau ne se transformaient pas en épines ; le limbe de l'une d'elles était bipartite. Une feuille de *Podophyllum peltatum* émettait du milieu de son disque une languette foliacée lancéolée ; et un *Epimedium Musschianum* prolifère 3 axes surnuméraires autour de l'ovaire et sur le même rang que les étamines au nombre de 5. On a vu de 7 à 10 étamines, au lieu de 6, chez des *Mahonia*, des *Berberis* et chez le *Nandina domestica ;* et une augmentation numérique des carpelles chez un *Epimedium*.

MAGNOLIACÉES : Sur la face inférieure d'une feuille de *Michelia Champaca* la nervure médiane se bifurquait, l'une des branches continuant son trajet ordinaire, l'autre sortant du limbe et constituant le pétiole d'un nouveau limbe en forme d'*ascidie*. On a constaté tous les passages des pétales aux étamines chez l'*Illicium floridanum*. Des individus cultivés de *Magnolia fuscata* avaient les rangs intérieurs d'étamines transformés en pistils.

ANONACÉES : Dans des fleurs d'*Asimina triloba*, le type binaire remplaçait le type ternaire.

MYRISTICÉES : On a signalé dans quelques *Myristica* de la section *Pyrhosa* des ovaires et des ovules au nombre de deux.

RENONCULACÉES : Anomalies nombreuses, savoir : *Fascies* (*Delphinium elatum* et *ornatum*, *Aconitum barbatum*, *Ranunculus repens*, *acris*, *tripartitus* et *bulbosus*) ; dans un cas, cette dernière espèce avait toutes les tiges et le bulbe lui-même aplatis, les feuilles soudées par 2-3-4 par la base des pétioles, les pédoncules terminés par plusieurs fleurs soudées et doubles ; *Frondiparité* (Renoncules) ; *Prolifications médiane* et *axillaire* (*Anemone hortensis*, *coronaria* et *ranunculoides*, *Ranunculus acris* et *asiaticus*, *Caltha palustris*) ; *virescence* (*Delphinium Ajacis*, *Anemone*, *Ranunculus repens*, accompagnée de l'élongation du réceptacle dans *R. tuberosus*), consistant plus spécialement dans le développement en feuilles soit des sépales (Renoncules, *Anemone nemorosa*, *Caltha*, *Pæonia Lowii*), soit à la fois des sépales, des pétales et des carpelles (*Aquilegia Skinneri*) ; *transformation* de l'enveloppe colorée du *Clematis Viticella* en bilabiée, en tubuleuse et en tubuleuse hypocratérimorphe, des sépales du *Nigella damascena* et de l'*Anemone nemorosa* en feuilles de l'involucre, des écailles pétaliques des *Ranunculus Ficaria*, *amplexicaulis* et *asiaticus* en pétales, des pétales d'un *Ranunculus abortivus* en sépales, de tous les pétales d'un *Ranunculus repens* double en cornets, des pétales d'un *Aconitum Stoerkianum* en capuchons, des pétales latéraux d'un *A. Anthora multicucullatum* en capuchons et des sépales latéraux en casques; des étamines d'un *Delphinium*, du *Nigella damascena*, de l'*Aquilegia vulgaris* en sépales, du connectif du *Thalictrum minus* en stigmate; des ovaires extérieurs des *Ranunculus repens* et *Ficaria* en 10-15 sépales et des intérieurs en pétales; des pistils de l'*Anemone nemorosa* en pétales, les autres parties florales restant normales; du stigmate du *Nigella arvensis* en pétale et des filets staminaux intérieurs d'un *Pæonia lobata* double en organes bordés dans leur moitié inférieure de deux membranes lancéolées; *déformation* des carpelles, tantôt hypertrophiés, stipités et parfois ouverts (*Delphinium Ajacis, elatum, dictyocarpum, Aquilegia vulgaris* et *Skinneri*), tantôt offrant toutes les transitions depuis l'état normal jusqu'à celui de petites feuilles, en même temps que les ovules variaient de la simple dentelure des bords du carpelle jusqu'à parfaite conformation (*Delphinium Ajacis*); *pélories*, soit des fleurs terminales munies de 10 pétales et de 3 ovaires du *Delphinium elatum*, soit de toutes les fleurs (anectariées) des *D. chinense* et *orientale*, soit de celles du *D. Consolida* dont les 5 pétales étaient presque libres (les deux supérieurs à peine adhérents par l'appendice), ces fleurs, dans un autre cas, représentant soit le type nornal des *Aquilegia*, abstraction faite du gynécée qui était réduit à un seul carpelle, soit 5 pétales sublibres (les 2 supérieurs un peu adhérents par l'appendice); *apétalie* (*Aconitum, Ranunculus auricomus*); *augmentation numérique*, les feuilles du verticille de l'*Anemone nemorosa* étant portées de 3 à 4, la supplémentaire ayant à son aisselle un second pédoncule muni de deux petites feuilles enroulées; un involucre d'*Anemone coronaria* composé au lieu de 3 pièces de 5 dont une pétaloïde; un calice d'*Aconitum tauricum* aux 2 pièces extérieures duquel s'en était joint une troisième; l'apparition chez le *Clematis bicolor* d'un second verticille floral d'organes colorés à quelques centimètres au-dessus du normal, grâce à un prolongement du réceptacle; la présence de 3 casques, de 3 nectaires et de 9 à 10 carpelles dans une fleur d'*Aconitum neomontanum*; des fleurs pleines chez les *Ranunculus acris, repens, chærophyllos, millefoliatus* à l'état sauvage, de même que chez l'*Hepatica triloba* qui offrait ou non des rudiments d'anthères; la duplicature des Pivoines, donnant ou des fleurs tout à fait pleines, ou des étamines sans trace de pistils, ou, plus rarement, des carpelles mal formés sans étamines; *changement de couleur* du périgone de l'*Anemone nemorosa* devenu pourpre; différence de couleur, de forme de grandeur entre les 2 verticilles du périanthe de cette espèce; *soudure* de deux fleurs ou mieux peut-être *partition* de l'axe floral (*Pæonia corallina*, *Ranunculus lingua* et *flammula*); *déplacement* d'une des 3 feuilles de la tige florale de l'*Anemone nemorosa*, portée sur le pédoncule à égale distance du périgone et des feuilles, ayant la forme et la couleur des pétales; *atrophie* des ovaires, coïncidant avec leur villosité (Aconits); *réduction* du nombre habituel de carpelles (Aconits, Nigelles, Ancolies); un *Delphinium Ajacis* à deux carpelles; *disjonction* de tous les carpelles (*Delphinium crassicaule* et *Ajacis*, *Ranunculus*, *Aquilegia vulgaris*, Pivoine), ou d'un seul des carpelles rejeté vers l'extérieur (*Nigella damascena*); *soudure* de 2-3 fruits du *Ranunculus tripartitus*; augmentation du nombre des carpelles, portés à 10-23 dans les fleurs semi-doubles (*Delphinium elatum* et *orientale*), ou dont le verticille normal était devenu triple, avec des modifications dans leur forme et dans celle des ovules (*Delphinium elatum*), ou dont le réceptacle était, soit bifide (*Ranunculus chærophyllos*, *Myosurus minimus*), soit développé de façon à produire 3 capitules spiciformes de fruits (*Ranunculus chærophyllos*); ou bien les carpelles surnuméraires apparaissaient en dehors des normaux alternes avec eux, ou en dedans, et tantôt sessiles, tantôt stipités (*Nigella arvensis*); un carpelle de *Clematis* avait 4 ovules.

Nymphéacées : *Développement* de bourgeons soit sur les feuilles commençant à se décomposer (*Nymphæa cærulea*), soit sur les feuilles carpellaires devenues fruit (*N. alba*); *soudure* de graines par leur tégument (*Nuphar luteum*).

Papavéracées : Un pédoncule de *Papaver orientale* terminé par deux fleurs; *hypertrophie* du calice du *P. Rhœas*; *augmentation* du nombre des sépales, portés à 8 chez le même, à 3 chez le *P. orientale*; apparition de pétales chez le *Bocconia* normalement apétale; *développement* chez un *Papaver orientale* de deux petits pétales de dédoublement à l'aisselle de deux pétales verdâtres extérieurement; chez la même espèce de 4-5 pétales épaissis au sommet; chez l'*Eschscholtzia californica* de fleurs doubles; *réduction* des parties florales, un *Papaver orientale* ayant 2 pétales et 7 étamines; un *P. dubium* étant tétradyname; un *P. bracteatum* montrant tous les degrés de la polypétalie à la monopétalie complète; *transformation* des sépales en feuilles (*P. orientale*); d'étamines en pistils, soit distincts, soit réunis par 2-3-4-5, en capsules pédiculées et parfois soudées toutes ensemble par leur pédicule autour du fruit normal ; les filets staminaux se creusant vers le haut d'une cavité ovarienne chargée ou non d'ovules nus sur toutes leur partie moyenne longitudinale vis-à-vis du faisceau vasculaire, ou en même temps de pollen et d'ovules nés des deux faces suturales de l'anthère (*Papaver bracteatum*, *orientale, somniferum*, *nudicaule*, *Macleya cordata*) ; une étamine portant, au lieu d'anthère, un petit fruit à stigmate pelté et crénelé (*Papaver somniferum*) ; une anthère terminant une des dents de l'urcéole du *Pœonia Moutan*.

On a vu : 1° chez le *Macleya*, des étamines dont l'anthère n'avait qu'une loge normale, l'autre aboutissant à la base d'un ovule monstrueux, ou portant 2 ovules bien développés ; un ovaire supplémentaire dont le pédicule, répondant au filet staminal, était appliqué sur les faces du carpelle normal, et portait sur ses bords 4 ovules, ayant chacun 2 enveloppes et un nucelle ; 2 carpelles supplémentaires, groupés autour du normal, largement ouverts, l'un stérile, l'autre à trois ovules. — 2° Chez des *Papaver*, la capsule (y compris les stigmates) changée en petits organes pétaloïdes, ou béante, les feuilles carpellaires étant pétaloïdes au sommet, ou remplacée par huit pétales longuement atténués en onglet, et comme soudés en tube à la base (*P. Rhœas*), ou émettant de son intérieur soit quatre feuilles en partie converties en une capsule, soit deux pétales longuement exserts, atténués vers le bas où ils se soudaient en un tube grêle, entouré de 6 étamines incluses et d'une septième subexserte ; ailleurs elle était environnée à sa base et à son point de jonction avec les sépales de trois petites fleurs (*P. setigerum*), son centre étant occupé par un axe terminé ou par une petite capsule parfois pleine de graines et entourée par plus de 20 étamines, ou par 3-4 petits fruits (*P. somniferum*). Enfin, une capsule de *P. somniferum*, à 11 rayons stigmatiques, s'était ouverte jusqu'au milieu en 4 valves opposées aux insertions des pétales, se détachant des placentas et se rejetant en dehors.

Fumariacées : *Virescence* de *Dielytra spectabilis* causée par le froid d'avril, toute l'inflorescence étant verte ; *pélorie* de *Corydalis solida* à 2 éperons et devenue fertile.

Crucifères : Nombreuses anomalies soit primitives, soit déterminées par une cryptogame parasite, et la plupart se reproduisant avec des caractères ou semblables ou analogues :

1° *Organes végétatifs* : Une rave à racine tortillée, un radis à racine renflée vers son milieu, un radis rose dont le collet ou tubercule offrait des étranglements sous forme d'un chapelet à trois grains, un raifort à racine en tire-bourre ; une *fascie de Cardamine pratensis*, de *Brassica Napus oleifera;* l'existence de 3-4 cotylédons (*Lepidium sativum*, *Sinapis ramosa*, *Raphanus sativus*, *Brassica Napus*); un *Cardamine pratensis* à foliole terminale quadrinerviée, ou à feuille bulbifère ; un *Cardamine latifolia* et un *C. macrophylla* montrant des bourgeons aux aisselles des lobes de la feuille ; un *Nasturtium officinale*, émettant un bourgeon au bas du limbe de sa foliole terminale ; un chou-fleur de la nervure médiane duquel partait une tige cylindrique portant des feuilles en cornet ou en entonnoir ; un Violier à feuille trilobée au sommet, un *Sinapis amplexicaulis* à feuille bilobée ; un *Sinapis arvensis* ayant toutes ses fleurs à l'aisselle de bractées ; des *fascies* soit d'*Hesperis matronalis*, avec torsion de tige, soit de Chou avec partition en 2-3 branches ; la *soudure* de tous les pétioles d'un Chou en une excroissance plate, en éventail, recouverte aux deux faces de rudiments de feuilles.

2° *Organes floraux :* On a cité : l'alongement de l'axe floral, avec écartement des verticilles, ou même la transformation de ces derniers en spirale (*Hesperis*); la soudure de 3-4 fleurs (ou la partition d'une seule en 3-4) avec distinction des pistils (*Arabis sagittata*); la *chloranthie* essentielle ou provoquée, si fréquente (*Mathiola*, *Cheiranthus*), et entraînant souvent avec elle de profondes modifications dans les organes atteints (*Sisymbryum officinale*, *Diplotaxis tenuifolia*, *Erucastrum canariense*); une fleur de Rave devenue cartilagineuse ; toute l'inflorescence du Chou-fleur transformée en une masse charnue ; une inflorescence comeuse au-dessus des fruits (*Cheiranthus Cheiri*) ; les sépales devenant, mais assez rarement, foliacés (*Peltaria*, *Diplotaxis*, *Sinapis alba* et *arvensis*, *Cheiranthus Cheiri*, *Thlaspi arvense*, *Hesperis matronalis*), les pétales offrant, dans cette transformation, un limbe ovale-hasté et un pétiole bien distinct (*Sinapis arvensis*, *Sisymbryum officinale*); un calice d'*Arabis alpina* à sépales réduits à 3, à 2 et même à 1 seul ; un *Diplotaxis tenuifolia* à 3 sépales, 2 pétales, avec ou sans développement d'étamines ; une fleur de Chou où deux pétales occupaient la place d'un seul ; une de *Bunias* à 5 pétales ; une de *Raphanus Raphanistrum* à 5 et une autre à 6 pétales, le ou les pétales surnuméraires s'étant développés à la base des petites étamines ; une de *Cardamine impatiens* apétale, une de *Brassica nigra* à sépales et pétales ternaires et tétrandre, n'ayant qu'une des petites étamines, une paire de grandes et une grande isolée ; une de *Capsella Bursa-pastoris* sans corolle et à 10 étamines, l'augmentation du nombre de celles-ci provenant d'un dédoublement (Moquin-Tandon), ou de la transformation des pétales (de Candolle) ; des fleurs de Navet, également apétales, à 6 étamines, à *silicules* stipitées et avec soudure de deux feuilles, dont l'une ovulifère ; deux fleurs de *Cheiranthus Cheiri* octandres, dans l'une chaque paire des grandes étamines étant remplacée par 3, dans l'autre 3 paires d'étamines étant beaucoup plus courtes que la quatrième paire ; deux fleurs du même à 7 étamines par dédoublement de l'une des deux petites ; un *Bunias* tétrandre ; un *Diplotaxis tenuifolia* et un *Cheiranthus Cheiri var. grandiflorus*, à deux rangs d'étamines (1) ; un *Mathiola incana*, à étamines fendues ; un *Cardamine pratensis* offrant une petite feuille au sommet des étamines ; la *duplicature* des fleurs reconnaissant une triple cause : la métamorphose des étamines en pétales, le dédoublement de ceux-ci, la prolification médiane ; la *tansformation* des étamines en pistils dans *Cochlearia rusticana* et *Cheiranthus Cheiri*, ces pistils chez ce dernier se trouvant tantôt plus ou moins soudés en gaîne, et formant un fruit à 4-6-8 parties, tantôt libres autour du vrai pistil ; la *disjonction* des pistils, anomalie des plus fréquentes (*Diplotaxis tenuifolia*, *Cardamine pratensis*, *Barbarea vulgaris*, *Alyssum incanum*, *Peltaria alliacea*, *Brassica oleracea*, *Cheiranthus Cheiri*) ; la disjonction des carpelles devenus foliacés, mais amoindris, avec disparition de la cloison et du bec (*Brassica oleracea* sauvage) ; l'*hypertrophie* du pistil (*Capsella Bursa-pastoris*) ; l'hypertrophie avec déformation de l'ovaire de l'*Henophyton deserti*, ovaire portant de petites feuilles sur la commissure placentaire externe ; le développement foliacé des carpelles avec avortement de la cloison et du bec stigmatique (Chou, *Cardamine pratensis*), ou avec traces de stigmates et d'ovules marginaux (*Cardamine*) ; un *Lunaria biennis* à 3 carpelles, un *Draba verna*, un *Cochlearia officinalis*, un *Roripa Camelinæ*, et un *Iberis* à ovaire triloculaire, des fruits 3-4-loculaires dans *Lunaria redivica, Octadenia lybica, Ricotia ægyptiaca*, 4-loculaires dans *Raphanus caudatus*, *Cheiranthus Cheiri* ; la symétrie de nombre des carpelles offerte par *Lepidium sativum*, *Cheiranthus Cheiri*, *Diplotaxis tenuifolia*, *Iberis* ; un *Sinapis arvensis* à 2, 3, 4 carpelles libres ou unis, quelquefois ouverts, avec la corolle avortée, les sépales

(1) Rappelons à ce propos la découverte dans l'Himalaya de deux espèces de Crucifères voisines du Megacarpæa, et offrant l'une de 7 à 14, l'autre de 10 à à 16 étamines.

dressés, soudés aux étamines, les fleurs à l'aisselle de bractées foliacés ; un *Bunias Erucago* à ovaire stipité, portant au sommet du podogyne 2 (quelquefois 3-4) étamines ; un Chou-fleur se montrant avec 4 sépales ; un *Cheiranthus Cheiri* dont la moitié de l'enveloppe ovarienne était transformée en loge staminale ; un *Diplotaxis tenuifolia* à fruit allongé comme celui des *Cleome ;* un *Bunias* à carpelles ouverts, et portant, outre 1-2 ovules, un peu de pollen dans une petite cavité creusée au bord, et quelquefois deux loges d'anthères, ou émettant une colonne centrale ovulifère libre, sous forme de petit rameau terminé par un bourgeon, l'ovule étant orthotrope.

Prolifications : Avec ovaire tantôt persistant, sessile ou stipité, hypertrophié ou non, à carpelles unis ou disjoints, tantôt remplacé soit par de vraies feuilles, avec prolongement de l'axe et développement de bourgeons à l'aisselle des sépales et des pétales (*Alliaria officinalis*), soit par un pédoncule terminé par un bouton floral (*Bunias Erucago*), ou par un axe se bifurquant au sommet avec deux petites feuilles opposées et un bourgeon miparti foliaire et floral à l'extrémité de chaque branche, dont l'une même se divise (*Eruca sativa*), ou par un rameau feuillé (*Brassica campestris*), ou par deux fleurs, l'une au-dessus de l'autre sur un même axe (*Cardamine dentata*).

On a vu sortir du fond de la cavité ovarienne 4 bourgeons pédonculés composés chacun de petites feuilles (*Sisymbryum officinale*) ; de petits rameaux verts paraissant résulter de la transformation des ovules (*Brassica Napus*) ; un rameau à 15 feuilles opposées (*Barbarea*); une columelle médiane de la longueur des feuilles carpellaires, se bifurquant au sommet en deux branches chargées de feuilles rudimentaires, en même temps que deux bourgeons opposés naissaient du bas de la cavité ovarienne (*Eruca sativa*) ; un axe surnuméraire ayant écarté les parois de l'ovaire (*Lunaria biennis*) ; des pédoncules (*Cardamine dentata*) ; de petits pétales ou une fleur complète (*Cardamine pratensis*), ou une petite fleur complète, ou un faisceau de bractées, ou un mélange de bractées et d'étamines, ou deux fleurs parallèles dressées, les ovules étant presque normaux ou en languettes, ou en larges feuilles déchiquetées, ou sous forme de bractées nerviées et ovulifères à leurs bords, ou remplacés par de petites fleurs semblables à celles de la base et pédicellées (*Sinapis arvensis*).

Enfin, un Chou-fleur avait, avec 4 sépales, 2 verticilles de 3 pétales (les extérieurs verts), 2 verticilles d'étamines, l'intérieur porté sur le gynophore, les 2 étamines solitaires étant converties chacune en un pédoncule que terminait un bouton composé de sépales, de pétales, d'étamines et d'un ovaire.

Capparidées : Famille remarquable par la distinction de toutes les parties tant végétatives que florales, et très-probablement, par cela même, beaucoup moins sujette aux déviations organiques, dont je ne connais que les suivantes : *disjonction* des carpelles chez le *Gynandropsis pentaphylla ; fascies* du Caprier.

Résédacées : *Chloranthie* de *Reseda odorata ; prolification* latérale de deux fleurs de *R. fruticulosa*, émettant de l'aisselle d'un sépale une fleur brièvement pédonculée ; *prolifications médianes :* 1° de *R. lutea*, une capsule inférieure en laissant sortir une seconde, et celle-ci une troisième ; 2° de *R. odorata* à tige fasciée, des capsules globuleuses, grosses, béantes, à 5 lobes, avec 5 placentas et des ovules avortés donnant issue de leur centre à une capsule semblable pédicellée, renfermant une capsule sessile, et celle-ci une quatrième mal formée; 3° de *R. scoparia* offrant, outre les placentas pariétaux, un placenta central ; 4° de *R. Phyteuma*, où les fleurs à calice normal, mais dépourvues de glandes et de pétales, ou offrant le passage en feuilles des pétales et des étamines (dont quelques-unes étaient intactes), avaient, à la place de l'ovaire, un pédicule terminé par une petite fleur dont les étamines étaient transformées en feuilles vertes, et dont l'ovaire était à 3 feuilles ouvertes, droites, à bords placentifères; *transformation* des carpelles en feuilles ovulifères à leurs bords (*R. Phyteuma*), des graines en bourgeons et même en rameaux, portant parfois des traces d'anthères (*R. alba*).

Cistinées : *Apétalie* des *Helianthemum* en Laponie ; *transformation* en organes glanduleux d'une partie des étamines du *Cistus vaginatus*.

Droséracées : Développement de bourgeons sur les feuilles des *Drosera longifolia* et *intermedia*, et dans certains ovaires allongés, soit clos, soit ouverts de ce dernier ; styles et ovules remplacés par des cils, d'autres ovules offrant toutes les transitions vers l'état de feuilles.

Parnassiées : Variation du type floral chez le *Parnassia palustris*, les trois verticilles extérieurs se montrant tétramères et le quatrième trimère, ou bien les trois hexamères avec un pistil à 3-4-5 loges, ou enfin les trois premiers étant normaux, mais avec un pistil à cinq parties.

VIOLARIÉES : Une feuille double de *Viola odorata* terminée par deux pointes ; une *soudure* de deux feuilles et de deux pédoncules axillaires du *Viola elatior* portant deux bractées et deux fleurs terminales normales ; l'*apétalie* des *Viola biflora* et *mirabilis ;* le *Viola sylvestris* offrant avec une inflorescence du *V. mirabilis*, c'est-à-dire de deuxième génération, au lieu de troisième, des fleurs à 5 sépales stipulés, 2 pétales et un prolongement de l'axe floral (de 2 centimètres environ) terminé par une fleur à 5 petits sépales, à 4 verticilles de pétales presque sans éperon, à 5 étamines pétaloïdes, à anthères imparfaites, suivies de deux nouveaux verticilles pétaliques, de 3 pièces verdâtres et d'un ovaire à 3 parties, les plus internes bordées d'ovules incomplets ; une *symétrisation florale* à tous les degrés, depuis l'état normal jusqu'à la production de 5 pétales éperonnés (*Viola hirta*); la perte de l'éperon (*Viola vicariensis*) ; un *Viola odorata* à type quaternaire, avec 2 des pétales opposés éperonnés, 4 étamines éperonnées et un ovaire déprimé à 2 angles, à l'un desquels était un placenta, tandis que l'autre offrait 2 lignes d'ovules ; une autre fleur de la même espèce également à type quaternaire avec deux pétales collatéraux éperonnés, 4 étamines, dont 3 éperonnées, un pistil normal ; une autre à 2 sépales, 2 pétales en croix avec eux et éperonnés, 4 étamines toutes appendiculées ; l'*augmentation* de nombre des carpelles, portés à 5 (*Viola*) ; l'*amplification* des corolles des *Viola mirabilis* et *tolosana ;* le *changement de couleur* de celle du *Viola calcarata*, passant du violet pâle au jaune bleuâtre et au jaune soufré ; des *pélories* des *Viola hirta*, *flavicornis* et *odorata ;* une fleur de cette dernière espèce dont les 5 étamines s'étaient transformées en pétales, en même temps que s'étaient développés plus intérieurement et alternes avec eux 5 autres pétales. Des fleurs de *Viola flavicornis* avaient 2 éperons et un calice, une corolle et des étamines en nombre quaternaire ; l'une d'elles était munie de 3 éperons, mais sans appendices aux étamines ; 3 fleurs éperonnées avaient 3 sépales, 3 pétales, 5 étamines, et à quelque distance au-delà, le pédoncule portait un cercle de 5 sépales ressemblant à des bractées, et suivis d'un pétale éperonné. Enfin, on a vu les filets d'un *Viola* transformés en 4 ailes pétaloïdes et en croix.

CARYOPHYLLÉES : On a cité la *fascie* avec torsion d'un *Dianthus barbatus*, un *Cerastium* à feuilles ternées; un *Stellaria media* à verticilles offrant 4 à 6 feuilles ovales spatulées, ciliées, reproduisant l'aspect d'un *Galium ;* la *virescence* des verticilles floraux (*Lychnis dioica*), liée à une ramification indéfinie (*Stellaria media*); une *prolification* floripare et axillaire du *Gypsophila saxifraga*; un *Lychnis Githago* à fruits fœtifères; des œillets frondipares et floripares.

Dans une de ces prolifications, du milieu des 4 feuilles carpellaires s'élevait un nouvel œillet double à 4 carpelles soudés, mais dont les styles croisés accusaient l'existence de 2 verticilles de carpelles, l'un extérieur, l'autre intérieur; l'axe avait produit aussi 3 nouvelles fleurs à trois pétales chacune. Des œillets doubles à calice fendu ont montré, outre les 5 pétales multipliés, 5 nouvelles fleurs (pédiculées à l'aisselle des 5 pétales intérieurs), à 4-5 verticilles de pétales, 2 verticilles d'étamines imparfaites, 2 feuilles carpellaires; et, dans la plupart de ces cas, l'ovaire central de la fleur-mère était à 4 carpelles. Un *Dianthus barbatus* avait un grand calice sans étamines et un gros ovaire clos renfermant, avec des ovules imparfaits, un second ovaire, et celui-ci un troisième; 5 fleurs naissaient autour du gros ovaire. Un *D. Caryophyllus* renfermait aussi 5 autres ovaires l'un dans l'autre et le plus intérieur avait quelques écailles foliacées.

Signalons encore dans cette famille la *soudure* de deux fleurs d'œillets, *la réduction de nombre* des parties des verticilles floraux dans les *Cerastium glomeratum* et *varians* et dans le *Gypsophila aggregata*, devenant par là *Arenaria tetraquetra*, où les étamines sont quelquefois ramenées à 4 au lieu de 8, et les valves du fruit à 5 ou 4 au lieu de 6; l'*hermaphrodisme* présenté par des pieds de *Lychnis dioica* (virtuellement femelle, car un de ces pieds hermaphrodites avait aussi des fleurs uniquement femelles) sous l'action de l'*Ustilago antherarum*, le pistil étant devenu pyriforme; les verticilles sexuels éloignés soit l'un de l'autre, soit des enveloppes florales; tous les verticilles floraux changés en spirales imparfaites (*Arenaria tetraquetra*); la *multiplication* des bractées avec ou sans avortement de la fleur (œillet); la *monopétalie* (Saponaire d'Angleterre); la *transformation* des pétales en sépales (*Cerastium vulgatum*); l'*avortement* des pétales (*Sagina apetala*, *Stellaria media*, *Cerastium viscosum*); un demi-avortement des pétales et des étamines inclus dans le calice, l'ovaire n'étant représenté que par une petite pointe (*Silene Otites*); phénomène qui se produit souvent chez cette dernière espèce et chez le *Saponaria officinalis*, attaqués par les *Ustilago antherarum* et *Rudolphii*; l'avortement complet ou à peu près, de la corolle et des étamines du *Cerastium glomeratum* envahies par l'*Ustilago Duriæana*, les 5 styles restant très-courts; la *division* des pétales en 4 lanières

(*Lychnis dioicà*) ou plusieurs (œillets, Saponaires); la multiplication des pétales, 1° dans l'œillet : les œillets doubles ordinaires ont 3 verticilles de pétales alternes ou d'organes pétalo-staminés, 2 d'étamines, 2 carpelles; 2° chez un *Holosteum umbellatum*, qui, à l'état sauvage, avait les fleurs pleines; 3° chez le *Silene pendula*; 4° chez la Saponaire officinale; 5° chez les *Lychnis flos-cuculi* et *viscaria;* la *partition* des étamines (*Silene conica*): le *remplacement* par 2 anthères des *fornices* (*Saponaria officinalis*); le développement pétaloïde des stigmates et la *disjonction* des fruits (*Saponaria*, *Dianthus*). On a cité un *Cerastium* (*glutinosum*?) à pétales verdâtres, à carpelles libres ouverts comme autant de feuilles sans styles; un *C. triviale* à 5 folioles calicinales herbacées dont 3 inférieures, 5 pétales foliacés, 10 étamines, à filets longuement ciliés, l'ovaire étant tantôt normal, tantôt à 5 pièces foliiformes soudées, mais perforé au sommet avec placenta central rudimentaire; un *C. vulgatum* où, depuis les bractées jusqu'aux étamines, tout était foliacé, le pistil s'y trouvant représenté par 5 pointes avec trace d'ovules remplacés parfois par de petits bourgeons; un autre avec enroulement des bords des carpelles n'atteignant pas le placenta entièrement libre, et chargé d'ovules déformés; la *disjonction* des sépales d'un *Silene inflata* avec des pétales sépaloïdes et de 3 à 10 carpelles libres à ovules marginaux transformés en petits bourgeons; une chloranthie de *Stellaria media* compliquée de la transformation foliacée des carpelles et des ovules, et un autre mouron où les pièces des deux verticilles extérieurs de la fleur étaient foliacées, les pétales devenant de bipartites bilobés, puis entiers, ovés; les étamines étaient peu modifiées; l'ovaire s'ouvrait et formait de vraies feuilles, chargées d'ovules également à l'état de feuilles; un *Arenaria* (*Spergula*) *media* où les fleurs, normales quant aux sépales et aux étamines, offraient la transformation des pétales en feuilles indivises ou bidentées ou parfois géminées, et portées par un pétiole commun, et un pistil tantôt semblable à celui d'une Euphorbe, tantôt composé de 3 petites feuilles ou libres ou soudées intérieurement, à bords glanduleux avec ou sans folioles intérieures.

Amarantacées : *Fascie* des variétés du *Celosia cristata*.

Phytolaccées : *Fascie* de *Pircunia dioica*, terminée par une partition en plusieurs branches, les unes cylindriques les autres aplaties.

Chénopodées : *Hypertrophie* des racines et des feuilles (*Beta vulgaris*); *transformation* en excroissance fongueuse d'une branche radicale de cette espèce; réduction des tiges d'un *Camphorosma; scission* profonde d'un des cotylédons chez le Bon-Henri; *déchirures de feuilles* (*Chenopodium Quinoa*); *développement exagéré* de 2 sépales (*Chenopodium murale*) ou d'un seul (*Salsola Kali*); *avortement* de 1-2-3 de ces organes (*Ambrina ambrosioides, Chenopodium glaucum, Blitum polymorphum*); *apparition* accidentelle de sépales à l'intérieur des bractées (*Atriplex hortensis*); *avortement* des étamines constaté chez 19 espèces de Chénopodées; *hermaphrodisme* de l'épinard; *augmentation numérique* de toutes les parties florales chez les *Chenopodium*, et en particulier des pistils, portée de 2 à 3 ou à 4, notamment chez les *Sueda fruticosa* et *maritima*, à 5 chez la betterave au Brésil; enfin, *fascies* chez les deux *Sueda* cités et chez la Bette; *monoïcité* de l'épinard commun.

Polygonées : Tiges *tordues* (un *Rumex*); fleurs *frondipares*; feuilles d'oseille aux 2 bords soudés; feuilles (?) de *Polygonum Bistorta transformées* en petits bulbes, et plusieurs de celles d'un *P. orientale* devenues cuculliformes; feuille de *Rheum compactum* émettant de la nervure médiane et supérieure un petit appendice stipité, en godet vert; étamines du *Rumex crispus remplacées* par des pistils et les extérieures du *Polygonum tinctorium* par de petites folioles vertes comme celles du calice; *chloranthie* de *Rumex arifolius* à calice subnormal, à pétales amplifiés, sans étamines, à pistil très-développé, renfermant un ovule à primine déformée; autre chloranthie de *Rumex scutatus*; *disjonction* des carpelles du *Fagopyrum vulgare* et du *Polygonum orientale*; *augmentation numérique* des carpelles chez certaines espèces de ce genre; *amplification*, 1° d'un des carpelles, devenu libre, de *Polygonum tinctorium*, avec atrophie des styles et des stigmates et transformation de l'ovule en un corps claviforme; 2° du pistil soit chez l'*Oxyria digyna*, où en massue, et vide d'ovule, il portait un style à chaque angle, soit chez les *Rumex scutatus* et *aquaticus*, où les parois de l'ovaire offraient une fente latérale ou même la dissociation (mais toujours incomplète) des 3 carpelles, et à l'intérieur soit un ovule réduit à une membrane, soit un petit axe chargé de folioles. Sous l'influence de l'*Ustilago Candollei* l'ovaire devient vésiculeux chez le *Polygonum Bistorta*, obovoïde chez le *P. Hydropiper*, et à la place de l'ovule se développe une excroissance particulière du placenta; en même temps chez la première espèce, le périgone se montre monophylle, conique, à quelques dents terminales, avec 1-2 rudiments d'étamines, et la base de la fleur se renfle en un gros coussinet ovoïde; même déformation chez l'*Oxyria reniformis*, sous l'action de l'*Ustilago vinosa*.

LAURINÉES : *Soudure* de deux feuilles de *Laurus nobilis ; chloranthie du* Laurier des Canaries; *transformation* en étamines des appendices des filets du *Laurus nobilis ; Sassafras* à 2-3 carpelles uniovulés (au lieu d'un), avec réceptacle concave et sommet des étamines allongé en languette spatulée papilleuse et stigmatique.

THYMÉLÉES : *Fascie* des *Daphne indica* et *Mezereum ;* développement de 2 ovaires dans une fleur de *Gnidia simplex*, et d'un ovaire biloculaire dans une autre.

PROTÉACÉES : Une inflorescence de *Lambertia formosa* a montré dans toutes les fleurs des carpelles variant en nombre de 2 à 4 (les Protéacées sont normalement monocarpellées), et dans ce dernier cas, tous les verticilles étaient isomères; chez plusieurs fleurs, le placenta formait une colonne charnue portant 2 ovules collatéraux à la base, et enveloppée aux trois quarts par la feuille carpellaire sans adhérence.

SANTALACÉES : Sous l'influence d'un *Œcidium*, le périgone du *Thesium intermedium* affecté de *prolification* médiane, a montré une *transformation* graduée en feuilles végétatives, les étamines et les feuilles carpellaires avortant plutôt que de perdre leur individualité.

SAURURÉES : *Partition* des feuilles de l'*Anemiopsis californica* en deux lobes qui se complètent en restant distincts ou en se soudant par la face inférieure de leur nervure moyenne.

ARISTOLOCHIÉES : Feuilles percées de trous (*Aristolochia Sipho*); expansions foliacées scutelliformes sur les nervures de la face inférieure des feuilles (*id.*) ; *soudure* de 2 fleurs avec 2 languettes opposées, les parois de soudure formant une cloison complète entre les 2 appareils floraux (*Aristolochia Clematitis*).

RAFFLÉSIACÉES : Le *Cytinus Hypocistis* s'est montré à tige dépourvue d'écailles, à fleur femelle sans placentas pariétaux que remplaçait une sorte de corps d'apparence ovulaire.

EUPHORBIACÉES : *Fascies* (*Euphorbia exigua*, la plante entière, *E. Cyparissias*, *sylvatica*, *Characias*, fascie liée une fois chez cette dernière espèce à une teinte rouge foncé); embryon à 3 cotylédons (Ricin), à 4 avec 2 gemmules, peut-être par soudure de deux individus (*Euphorbia Helioscopia*) ; *transformation* des feuilles dentées en laciniées (*Mercurialis annua*) ; *chloranthie* (*Euphorbia segetalis*) ; *frondiparité* (*Euphorbia Cyparissias*) ; étamines remplacées par des pistils (*E. Esula*), ou l'inverse (*E. palustris*) ; développement des staminodes en étamines (*Crozophora tinctoria*, *Suregada*) ; anthères à 1 loge (*Mercurialis*), à 3 loges (*Mabea*), ou portées sur les branches stigmatiques (*Ricinus*) ; coexistence des deux sexes (*Mercurialis perennis*) ; *monoïcité* (*Cœlebogyne ilicifolia*) ; fleur d'un genre monoïque (*Glochidion*) avec une masse centrale en forme de colonne charnue, dont une moitié portait 3 anthères, l'autre étant femelle creusée de 3 loges chacune biovulée ; *hermaphrodisme* (*Ricinus*, *Cluytia semperflorens*, *Mercurialis annua*, *Cleistanthus polystachyus*, *Schismatopera distichophylla*, *Rifflera*, *Concerciba macrophylla*, *Aparisthmium*, *Breinia*, *Cicca*, *Phyllanthus longifolius*) ; augmentation de nombre des carpelles, portés à 2 (*Drypetes*, *Macarenga*, genres normalement monocarpellés), à 3 aux inflorescences raméales, à 5 aux inflorescences primaires (*Euphorbia Paralias*) ; enfin, une loge de Ricin contenait deux graines.

Urticées : *Monoïcité* de l'*Urtica dioica*.

Cannabinées : Sur les montagnes de Laon croît une variété de chanvre à feuilles 3-5 lobées ; deux feuilles de chanvre se sont montrées conjointes latéralement, accompagnées de 3 stipules et aisselant un rameau très-fort, un peu fascié et à quelques feuilles soudées. Dix pieds de chanvre, d'abord couverts de fleurs mâles, étaient chargés, quelques semaines après, d'une multitude de fleurs femelles mûrissant leurs fruits, les fleurs mâles ayant disparu.

Morées : *Fascie* de Mûrier blanc ; Figue fœtifère ; Figue montrant des bractées entre ses fleurs.

Ulmacées : *Fascie* d'Ormeau ; branche d'ormeau dont les feuilles distiques étaient simples d'un côté du rameau, bilobées de l'autre par dédoublement ; production sur des jets vigoureux d'ormeau, à la base de la moitié la plus courte du limbe des feuilles normales, d'une nouvelle feuille semblable mais sessile ; *hypertrophie* de 8 feuilles d'ormeau déterminant le développement d'un lobe supplémentaire.

Salicinées : *Fascie* de *Populus nigra* ; rameau de saule offrant à son extrémité rabougrie un bouquet de feuilles disposées en verticilles rapprochés ; *Roses* des saules ; *chloranthies* des espèces de ce genre ; *développement* de stipules supplémentaires chez les *Salix fragilis* et *pendula*; apparition chez le *S. monandra*, à l'aisselle de la bractéole changée en petite feuille bistipulée, de 2 feuilles opposées (représentant les 2 carpelles) et donnant naissance chacune à un ramuscule axillaire; chez le *S. cinerea* d'un chaton terminant, par prolepsie automnale, les longues branches feuillées de l'année; filets staminaux du *S. triandra* se couvrant de poils laineux denses et entrelacés dans une partie des chatons et prenant l'aspect des fruits des *Typha*; *monoïcité* des peupliers et des saules; *hermaphrodisme* des *Populus Tremula* et *alba*; pistils du *P. virginiana* à 3-4 carpelles au lieu de 2; fleur femelle du *Salix caprea* à 2 carpelles distincts; apparition simultanée de chatons mâles, femelles et androgyns chez les *S. cinerea* et *caprea*, de chatons androgyns chez un peuplier et chez les *S. purpurea* et *aurita*, de chatons mâles chez nos *S. babylonica*; *transformation* des étamines en pistils chez plusieurs espèces de saules, et à tous les degrés chez le *S. Andersoniana*, tantôt les étamines se divisant au sommet en 2-3 rameaux terminés ou par un sac anthérique ou par un petit ovaire (*S. aurita*); tantôt deux filets se soudant pour former le pédicelle de l'ovaire, avec dilatation du connectif revêtant les caractères du style et du stigmate, union de 2 connectifs à leur base pour former la cavité ovarienne (*S. caprea*); enfin, changement gradué des pistils en étamines chez les *S. babylonica*, *caprea* et *cinerea*, les carpelles du dernier perdant peu à peu leurs stigmates et s'ouvrant sur leur face interne pour s'enrouler en transformant leurs bords en anthères, ceux du *S. caprea* allongeant leur pédicelle et offrant 2 corps jaunes à l'une de leurs faces, puis et successivement perdant leurs stigmates, se bifurquant à partir du support en 2 ovaires distincts, une des branches se terminant par une anthère à pollen, l'autre par un ovaire; enfin, chaque branche portant une étamine sans trace d'ovaire.

Juglandées : *Soudures* entre deux feuilles, entre deux coques de noyer; *réduction* des folioles à un seule; grappes de 30 à 35 noix et longues de 15 à 17 centimètres; noix à 1-3-4 sutures.

Cupulifères : On a signalé dans la forêt de Verzy (près de Reims), des hêtres à tronc tout contourné, terminé par un faisceau de branches repliées sur elles-mêmes et se greffant entre elles par approche; on a vu un noisetier sauvage à feuilles laciniées, un *Quercus Robur sessiliflora* portant, au moins dans une année, un grand nombre de fleurs hermaphrodites, des étamines bien constituées alternant dans les fleurs femelles avec les lobes du périgone; chez le chêne des *chloranthies* et, au sommet des rameaux, des sortes de roses grisâtres formées de petites feuilles imbriquées; sur des rameaux de charme la coexistence de deux sortes de feuilles, les unes normales, les autres plus petites et découpées; chez un hêtre qui avait reçu des greffes d'un hêtre lacinié, des branches à rameaux distiques, ceux d'un côté ayant des feuilles normales et ceux du côté opposé des feuilles laciniées; chez le châtaignier un grand allongement du rachis de l'inflorescence femelle pour porter de longs épis de fruits; chez le charme et le hêtre des inflorescences réunissant les deux sexes, et même des fleurs hermaphrodites chez le hêtre; sur les écailles supérieures des chatons mâles des *Ostrya vulgaris* et *virginica* un plus petit nombre d'anthères que sur les inférieures, un ou plusieurs corps pistillaires, mais sans ovules, et entourés d'anthères occupant la place des étamines manquant et offrant toutes les transitions de forme de l'état d'ovaire à celui d'étamine; chez le coudrier de 3 à 5 fruits réunis dans un seul involucre et disposés tantôt en série, tantôt en rosette; une syncarpie entre les péricarpes de trois noisettes, une soudure entre 2 graines (et pistils) renfermées dans l'involucre épineux de la châtaigne; un péricarpe de chêne à 2 graines.

Bétulinées : Une inflorescence de bouleau réunissait les deux sexes. On a considéré, mais à tort, les singuliers renflements que présentent les racines des aunes comme une déformation due à une dichotomie successive de l'extrémité de ces racines.

Myricées : Un *Myrica* s'est montré monoïque.

Casuarinées : *Transformation* des verticilles en spirales (*Casuarina stricta*).

Cycadées : *Grossification* des ovules du *Cycas revoluta,* peut-être sous l'influence du pollen de *Ceratozamia;* développement d'un nouvel individu par chacune des écailles d'un *Zamia*, après que la partie centrale de la tige eût été détruite.

Conifères : Le *contournement* spiral de la tige de l'*Abies excelsa;* le prétendu *Podocarpus Koraiana*, simple variété *fastigiata* du *Cephalotaxus pedunculata;* les rameaux de l'*Abies pectinata* effilés, décolorés, en faisceau sous l'influence d'un *Œcidium* et formant les *Balais du diable* ou *des sorcières;* le développement d'un grand nombre de broussins sur toutes les parties d'un *Juniperus virginiana;* les rameaux d'un pin d'Écosse (*Pinus sylvestris*) fort nombreux, plus gros et plus courts qu'à l'ordinaire, à feuilles empilées; tronc de l'*Abies excelsa* simple, indivis, ou ayant des rameaux dépourvus de bourgeons latéraux; des *fascies* de *Thuya orientalis* et de pin; le *renversement* des feuilles sur un jet terminal de *Taxus baccata;* des *chloranthies* des chatons de sapins; les bourgeons du pin sylvestre remplacés par de nombreux bourgeons-fleurs, d'où la production sur une même branche de 24-32-52 et jusqu'à 72 cones, et sur une autre, où le phénomène était déterminé par le *Peridermium Pini*, de 227 cones de moitié plus petits qu'à l'ordinaire; les cones du *Larix europæa*, des *Cunninghamia* et des *Abies excelsa* et *Brunoniana* se prolongeant en branches feuillées, disposition qu'on a pu reproduire artificiellement sur le mélèze en retranchant la cime de l'arbre; les cones des l'*Abies Brunoniana* offrant toutes les écailles changées en rameaux chargés de feuilles; les branches du sapin pectiné portant à leur face inférieure la moitié d'un cone dont l'axe se confondait avec le rameau, l'autre moitié étant avortée; des inflorescences de pin réunissant les deux sexes; des fleurs hermaphrodites chez le *Pinus nigra*, par la transformation en étamines des petites écailles des fleurs femelles.

VI.

DES ANOMALIES PROPRES AUX GENRES.

Certaines anomalies semblent être plus générales à un petit nombre de genres, telles les fascies chez les Frênes et les *Celosia*, la torsion des tiges chez les Valérianes, la soudure des folioles chez les Noyers et les *Gleditschia*, la pélorie chez les Linaires, la disjonction des pétales chez les *Convolvulus*, la virescence chez les *Dictamnus*, l'atrophie de l'urcéole chez le Rosier, la prolification chez les Roses et les Poires (anomalie rare chez les Pommes), la transformation des sexes l'un dans l'autre dans les Saules, où le phénomène est infiniment plus commun que chez le Peuplier.

VII.

DES ANOMALIES PROPRES AUX ESPÈCES.

Il est un certain nombre d'espèces qui paraissent plus que d'autres prédisposées aux anomalies ; exemples : *Dracocephalum Moldavica*, à tiges tordues et à feuilles verticillées ; *Caragana Chamlagu*, à quelques folioles en cornet ; *Poa bulbosa* , *Juncus articulatus*, *Trifolium repens* et *Primula sinensis* , si sujets , les deux premiers à la viviparité , les deux autres à la chloranthie ; *Zinnia multiflora*, plus souvent atteint d'anomalies que ses congénères ; *Helianthus multiflorus* , à capitules géminés ou partites; Rosiers à cent feuilles et de Damas, à prolification médiane; Œillet commun, devenant par multiplication des bractées *Dianthus Caryophyllus imbricatus ; Linaria vulgaris* pélorié ; *Teucrium campanulatum*, aux fleurs subterminales régulières; *Salvia cretensis*, *Stachys sylvatica* et *Digitalis lanata* , à fleurs souvent monstrueuses , phénomène constant chez l'Aubergine, la Tomate, le Chou-fleur ; *Cardamine pratensis*, à fleurs doubles à l'état sauvage ; *Narcissus Jonquilla* , *Pseudo-Narcissus* et *incomparabilis* , doublant dès leur introduction dans les jardins , tandis que les *N. niveus*, *Tazetta*, *odorus* y restent simples ; *Papaver somniferum* et *Sempervivum tectorum* , à étamines transformées en pistils ; *Salix caprea*, à chatons androgyns, ou dévoilant la transformation à tous les degrés de l'un des sexes en l'autre.

VIII.

DES ANOMALIES PROPRES AUX VARIÉTÉS.

Parmi les nombreux exemples de Poires frondipares, deux appartenaient à la Cressane (Turpin, Monnard), deux à la Cuisse-Madame (Monnard, Landrin), et dans ces deux derniers cas, l'anomalie consistait en deux poires superposées, la supérieure terminée par un œil.

IX.

DES ANOMALIES PROPRES AUX INDIVIDUS.

Elles comprennent : 1° celles qui, dans les espèces annuelles, ne se sont guère montrées qu'une seule fois, ou n'apparaissent qu'à des intervalles éloignés ; 2° celles des espèces vivaces ou ligneuses, telles les prolifications se reproduisant tous les ans chez certains pieds de Rosier à cent feuilles, et je connais dans la Montagne Noire un gros châtaignier donnant toujours des épis de fruits longs d'un à deux décimètres. Quelques Pruniers ont tous les fruits géminés et soudés.

X.

DISTINCTION DE LA MONSTRUOSITÉ ET DE L'ÉTAT NORMAL.

L'observation faite d'abord sur un Cyprès, un Pin pignon, un Genévrier (1), du remplacement d'un des sexes par l'autre à

(1) Un Genévrier n'eut que des chatons mâles depuis l'âge de 8 ans jusqu'à 13 ; puis parurent et se multiplièrent peu à peu les inflorescences femelles ; à l'âge de 18 ans, l'arbre n'avait plus que quelques fleurs mâles.

un certain âge de la plante, pouvait amener à ranger ces faits dans le groupe des anomalies ; mais on a constaté qu'ils se produisent chez la plupart des Conifères, et dès lors ils échappent au domaine tératologique. Il est des plantes (espèces ou genres) qui portent deux sortes de fleurs, les unes pétalées et stériles, les autres plus petites apétales fertiles, observation d'abord faite chez les Violettes de la section *Nominium*, puis sur plusieurs Balsamines, Malpighiacées, Cistinées, sur les *Aspicarpa*, sur le Caféier et sur les *Begonia humilis*, *hirtella*, *manicata*. La constance du phénomène chez ces plantes ne permet pas de le rapporter, pas plus que le dimorphisme des genres *Primula*, *Linum*, *Oxalis*, etc. (à pieds longistylés et brévistylés) ou des fleurs d'une même inflorescence du *Vanda Lowei*, au cadre tératologique, tandis qu'il faut y comprendre les variations des *Catasetum* et *Cycnoches* et celles de l'*Heteromeris*, genre dont les fleurs dimorphes n'apparaissent que dans certaines années ou lorsque ces plantes croissent dans des terrains stériles. Convient-il d'y faire rentrer cette singulière race de *Cucurbita maxima* à ovaire supère, et cette autre de *C. Pepo* à vrilles converties en rameaux? Elles se propagent de graines ; mais se fixeront-elles pour former, comme le Chou-fleur, une race stable? Que penser aussi de ces petits tubercules à peu près constants sur les racines de plusieurs Légumineuses (Lupins, *Spartium junceum*, etc.)? Un travail récent les attribue au développement d'un champignon entophyte ; leur fréquence semble les mettre en dehors des limites tératologiques. On a décrit comme monstruosité le dédoublement des jeunes feuilles du *Saxifraga crassifolia ;* mais le fait y est si commun, qu'on se demande s'il a droit de figurer au nombre des anomalies. A la suite de sa description de son *Campanula subpyrenaica*, M. Timbal-Lagrave ajoute : « J'avais d'abord considéré cette plante comme le résultat d'un fait tératologique du genre hypertrophie ; » la constance des caractères a déterminé notre confrère à changer d'opinion.

La question de distinction de la monstruosité et de l'état normal devient autrement embarrassante encore si, faisant abstraction de l'individualité des bourgeons, on cherche à l'appliquer à un végétal chargé de milliers de feuilles et de fleurs, à un Orneau, à un Chêne ; il est certain que quelques-uns de ces organes s'éloigneront de la forme normale ; dira-t-on que la plante ou l'arbre est monstrueux?

XI.

DISTINCTION DE L'ESPÈCE ET DE LA MONSTRUOSITÉ.

Toute anomalie étant un fait accidentel, ne devrait pas se reproduire de graines, et cependant on a cité comme se multipliant par voie de semis le *Capsella Bursa-pastoris apetala*, le Pavot somnifère à étamines remplacées par des pistils, une monstruosité à corolle campanulée de la Digitale pourprée, les diverses anomalies de feuilles offertes par le *Scolopendrium officinale* (Bridgman), une hypertrophie de la tige et des rameaux du Pois commun, auxquelles il faut joindre le Chou-fleur, la Tomate et l'Aubergine. Il en est peut-être ainsi accidentellement de quelques pélories de Linaire ; mais abandonnées à elles-mêmes et soustraites à des conditions factices, toutes ces déviations ne tarderaient pas à disparaître.

Plusieurs exemples démontrent combien est difficile à saisir la limite entre l'espèce et la monstruosité. On a décrit sous les noms spécifiques : 1° d'*Equisetum irriguum* l'*E. arvense*, à tiges spicifères devenues rameuses à la base ; d'*E. campestre* l'*E. arvense*, dont les tiges stériles portaient des épis ; d'*E. prostratum*, *uliginosum*, *elongatum*, 3 formes grêles appartenant, la 1re à l'*E. palustre*, la 2e à l'*E. limosum*, la 3e à l'*E. ramosissimum* (Duval-Jouve) ; 2° de *Carex Bastardiana* une déformation du *C. pilulifera* produite par un *Uredo* ; 3° d'*Ornithogalum octandrum* une anomalie à huit étamines de l'*O. umbellatum* ; 4° d'*Orchis moravica* une plante à labelle entier, que M. Rosbach a cru devoir considérer comme une monstruosité de l'*O. fusca* ; 5° de *Lamium Grenieri* le *L. maculatum*, à lèvre supérieure avortée ; 6° de *Cyclamen linearifolium* le *C. neapolitanum*, à feuilles anormalement dépourvues de limbe; 7° de *Berberis articulata* un *B. vulgaris monstrose articulata ;* 8° d'*Iberis bicorymbifera* un état anormal de l'*I. pinnata ;* 9° de *Cactus abnormis* une anomalie du *Cereus peruvianus;* 10° de *Podocarpus Koraiana* une déformation du *Cephalotaxus pedunculata*.

Quelques auteurs rangent encore au nombre des cas tératologiques le *Medicago heterocarpa*, le *Lithospermum permixtum* et le *Marrubium Vaillantii ;* M. Bentham écrit de ce dernier : « Annon... forma singularis M. vulgaris foliis dissectis ? » La plupart des phytographes, y compris, récemment encore, M. Weddell, admettent comme espèce l'*Urtica membranacea*, qui repose sur une fasciation (mais constante et se reproduisant par graine) des pédoncules.

XII.

DISTINCTION DE LA VARIÉTÉ ET DE LA MONSTRUOSITÉ.

Je ne saurais souscrire à cette idée que les variétés sont des anomalies légères. Qu'une plante aux fleurs rouges ou bleues porte des fleurs blanches, ou que son feuillage se montre panaché ou maculé, elle n'appartiendra pas au cadre tératologique, pas plus que celle dont les parties seront atteintes de pilosisme ou de glabrisme, l'un ou l'autre de ces états étant déterminé par la diversité des stations. J'en dirai autant de la consistance et de la taille envisagées d'une manière générale. Toutefois, ce principe réclame quelque restriction. Qu'une campanule, un *Erythræa* se présente accidentellement à fleurs blanches, j'y vois une variété ; mais que le *Lamium maculatum* dont la couleur entre dans le caractère spécifique à titre d'élément essentiel, la perde et prenne des corolles blanches, comme l'a vu M. Godron, à Nancy, je me demande si ce fait, tout exceptionnel, ne rentre pas dans l'anomalie. Si je refuse de considérer comme telle le glabrisme ou le pilosisme, je n'hésite pas à la reconnaître quand le phénomène atteint un organe déterminé, et pour lequel rien ne pouvait faire prévoir à l'avance ce mode d'altération, comme ç'a été le cas pour les étamines du *Salix triandra* se couvrant de poils. Même conclusion pour la consistance et pour la taille (*géantisme, nanisme*), et avec d'autant plus de raison que, pour les modifications relatives à ces deux divisions, les causes sont peut-être encore mieux appréciables que pour les autres. Je ne verrai d'anomalie de grandeur de l'être que quand celui-ci sera devenu complétement méconnaissable, ayant perdu jusqu'à ses caractères spécifiques ; tel le *Plantago nana* DC., variété du *P. major* d'après Moquin-Tandon, du *P. intermedia* selon MM. Grenier et Godron.

XIII.

DISTINCTION DU GENRE ET DE LA MONSTRUOSITÉ.

On a décrit, comme genre nouveau, sous le nom de *Dampierrea*, un cas de polypétalie du *Campanula rotundifolia* devenu *Dampierrea campanuloides*.

D'après Rœmer, l'*Aplectrocapnos bætica* n'est qu'une anomalie sans éperon de *Sarcocapnos enneaphylla*. M. Brongniart est porté à considérer le genre *Uropedium* comme une simple monstruosité du genre *Cypripedium*. De Candolle a montré, à propos de deux genres créés par Cassini, que l'un, le *Biotia*,, n'est qu'un état monstrueux du *Madia sativa*, où les fleurs du rayon, ayant perdu la forme de languettes, se sont transformées en grands tubes, et que l'autre, l'*Eudorus*, doit rentrer dans le genre *Senecio* (dont il différait au même titre), soit pour y former une espèce distincte (*Senecio Eudorus* DC.), soit pour y être réuni au *S. Doria*. A propos du *Prunus triloba* Lindl., dont M. Carrière avait fait son *Amygdalopsis Lindleyi*, MM. Bentham et Hooker ont écrit : « est forma monstrosa... pro genere habita. » Le *Peperomia resedæflora* s'offrait, récemment, à M. Ed. André avec des anthères trigones et comme uniloculaires, les autres espèces du genre ayant des étamines à 2 loges : est ce une monstruosité, est-ce l'indice d'un nouveau type générique ? Le singulier genre *Michelaria* de M. Dumortier avait été considéré par Courtois, en 1828, comme une monstruosité remarquable du *Bromus grossus* DC. Enfin, MM. Bentham et D. Hooker se demandent, à bon droit, si le genre des Œnothérées *Gongylocarpus*, où le fruit se montre soudé avec le rameau et le pétiole, n'a pas été décrit sur des individus monstrueux.

XIV.

DISTINCTION DES MONSTRUOSITÉS ET DES GALLES.

On a toujours distingué les galles des monstruosités; mais de nombreux liens les relient. Si avec M. Lacaze Duthiers on définit la galle, *un produit nouveau, anormal, développé, soit à la surface externe, soit au milieu des tissus d'un végétal* (*Rech. pour servir à l'hist. des Galles*, p. 5), on sera conduit à cette double conclusion : 1° la galle ne devra pas figurer parmi les anomalies lorsque, née sur une feuille, une branche ou partie quelconque d'un végétal, elle forme une excroissance bien limitée, bien distincte de l'organe dont elle ne modifie que peu ou point les autres parties (1) ; 2° au contraire, les cas où la piqûre d'un insecte détermine un changement notable de forme dans l'organe atteint (exemples : bourgeons de chêne et de saule développés en rosace, rameaux des grandes véroniques à épis modifiés à la fois dans leur forme, dans leur direction, dans la disposition des feuilles) rentrent dans le domaine des anomalies végétales, comme il en est de ceux que provoque le développement d'une mucédinée.

(1) Il en est ainsi de ces excroissances si curieuses, affectant la forme de fleurs et signalées par Spruce, et dont on peut voir une figure à la page 32 du *Vegetable Kingdom* de Lindley.

www.ingramcontent.com/pod-product-compliance
Ingram Content Group UK Ltd.
Pitfield, Milton Keynes, MK11 3LW, UK
UKHW020346180726
13839UKWH00002B/945

9 782329 421339